「絵ときでわかる」機械のシリーズのねらい

　本シリーズは，イラストや図を用いて機械工学の基礎知識を無理なく確実に学習できるようにまとめた入門書で，工業高校・専門学校・高専・大学等で機械工学を学ぶ学生や，機械工学関連の初級技術者の方に特に親しまれてきました．

　改訂にあたり，今日の教育カリキュラムの内容を踏まえ，新しい題材や実例に即した記述内容・例題・コラム・章末問題などを充実させています．

本シリーズの特徴

- ★ 機械工学の基礎知識を徹底図解！
- ★ 1つのテーマが見開きで理解しやすい！
- ★ 難しい計算問題は，例題を用いて丁寧に解説！
- ★ 充実の章末問題で，無理なく確実に学習！

「絵ときでわかる」機械のシリーズ編集委員会（五十音順）

安達　勝之	（横浜市立みなと総合高等学校）
門田　和雄	（宮城教育大学）
佐野　洋一郎	（横浜市立みなと総合高等学校）
菅野　一仁	（横浜市立横浜総合高等学校）

絵ときでわかる
《第2版》
計測工学

Measurement and
Instrumentation

門田 和雄／著

「絵ときでわかる」機械のシリーズ 編集委員会

安達　勝之　（横浜市立みなと総合高等学校）
門田　和雄　（宮城教育大学）
佐野　洋一郎　（横浜市立みなと総合高等学校）
菅野　一仁　（横浜市立横浜総合高等学校）

(五十音順)

───

本書を発行するにあたって，内容に誤りのないようできる限りの注意を払いましたが，本書の内容を適用した結果生じたこと，また，適用できなかった結果について，著者，出版社とも一切の責任を負いませんのでご了承ください．

───

本書は，「著作権法」によって，著作権等の権利が保護されている著作物です．本書の複製権・翻訳権・上映権・譲渡権・公衆送信権（送信可能化権を含む）は著作権者が保有しています．本書の全部または一部につき，無断で転載，複写複製，電子的装置への入力等をされると，著作権等の権利侵害となる場合があります．また，代行業者等の第三者によるスキャンやデジタル化は，たとえ個人や家庭内での利用であっても著作権法上認められておりませんので，ご注意ください．

本書の無断複写は，著作権法上の制限事項を除き，禁じられています．本書の複写複製を希望される場合は，そのつど事前に下記へ連絡して許諾を得てください．

(社)出版者著作権管理機構
(電話 03-3513-6969，FAX 03-3513-6979，e-mail: info@jcopy.or.jp)

JCOPY ＜(社)出版者著作権管理機構 委託出版物＞

はじめに

　機械工学では，形のある動くものをつくるときに，部品の長さを計測する場面がある．このとき，長さ1ミリメートルをいい加減に取り扱っていては，きちんとしたものづくりはできない．金属部品の製作では，少なくとも20分の1ミリメートルまでの測定ができるノギス，さらには100分の1ミリメートルまでの測定ができるマイクロメータを使用する必要がある．

　最近，ナノテクノロジーという言葉をよく聞く．ナノメートルとは10億分の1メートルのことであり，そのレベルで寸法を測定しながら，新たな物質をつくったり，それらを組み合わせてコンピュータや微小機械などをつくったりしている．そこでは，もちろんナノメートルを計測することができなければ，技術は成り立たない．

　また，計測で扱うのは長さだけでなく，質量や温度，時間など，さまざまな物理量がある．それらの定義や単位をきちんと理解し，適切な方法で測定ができることも，計測を学ぶときに重要なことがらである．ものづくりが技術から工学に発展するためには，その過程を数量的に表す必要が出てくる．すなわち，計測を通して，ものづくりは工学の世界へと近づいていくのである．

　本書は，ものづくりの観点から，計測の基本をまとめたものであり，できるだけ実際の測定場面を再現しながらの解説を心掛けている．それぞれが計測の原理や種類を学び，実際の測定を行うときの手引きとして活用していただきたい．

2006年4月

著者しるす

第 2 版改訂にあたって

　2006 年 4 月に初版が発行された本書は，幸いにも 10 年以上版を重ねることができた．この間，数多くの大学や高専等の教科書等に採用されてきたことは著者として嬉しい限りである．
　この度，第 2 版の改訂にあたり，各計測について，2018 年に質量の国際基準が変更されたことなどに修正を加えるとともに，教科書として，より利用しやすくするため，章末問題を充実させることとした．
　機械工学に必要となる計測工学について，初心者向けにまとめた本書は意外に類書が少ない．ビッグデータが注目され，工学の各分野でもますます各種の計測データの扱いが重要となるはずである．
　そのデータを正しく計測するための基本事項について，この改訂版を活用して学んでいただきたい．

　　2018 年 1 月

　　　　　　　　　　　　　　　　　　　　　　　　　著者しるす

目次

第1章 計測の基礎

- 1-1 計測とは ……………………………………… 2
- 1-2 国際単位系 …………………………………… 5
- 1-3 誤差 …………………………………………… 8
- 1-4 計測器の性能 ………………………………… 10
- 1-5 計測器の構成 ………………………………… 12
- 1-6 有効数字 ……………………………………… 14
- 章末問題 …………………………………………… 17

第2章 長さの計測

- 2-1 長さの基準と単位 …………………………… 20
- 2-2 長さの計測 …………………………………… 22
- 2-3 長さの測定誤差 ……………………………… 42
- 章末問題 …………………………………………… 46

第3章 質量と力の計測

- 3-1 質量と力の基準と単位 ……………………… 50
- 3-2 質量の計測 …………………………………… 52
- 3-3 力の計測 ……………………………………… 58
- 3-4 動力の計測 …………………………………… 60
- 章末問題 …………………………………………… 62

第4章 圧力の計測

- 4-1 圧力の定義と単位 …………………………… 64
- 4-2 圧力の計測 …………………………………… 66
- 4-3 真空の計測 …………………………………… 70
- 章末問題 …………………………………………… 72

第5章　時間と回転速度の計測

- 5-1　時間の計測 ……………………………… 74
- 5-2　回転速度の計測 …………………………… 82
- 章末問題 ……………………………………… 86

第6章　温度と湿度の計測

- 6-1　温度の定義と単位 ………………………… 88
- 6-2　温度の計測 ………………………………… 90
- 6-3　湿度の計測 ………………………………… 94
- 章末問題 ……………………………………… 96

第7章　流体の計測

- 7-1　流体を表す物理量 ………………………… 98
- 7-2　流体の計測 ………………………………… 100
- 章末問題 ……………………………………… 112

第8章　材料強さの計測

- 8-1　材料強さとは ……………………………… 114
- 8-2　材料試験 …………………………………… 117
- 章末問題 ……………………………………… 128

第9章　形状の計測

- 9-1　角度の計測 ………………………………… 130
- 9-2　形状の計測 ………………………………… 137
- 章末問題 ……………………………………… 150

第10章　機械要素の計測

- 10-1　ねじの計測 ……………………………… 152
- 10-2　歯車の計測 ……………………………… 158
- 章末問題 ……………………………………… 162

章末問題の解答 ……………………………………… 163
索　引 ……………………………………………… 173

第 **1** 章
計測の基礎

　計測は，ものづくりにおいて欠かせないものであり，その種類は，長さの計測を中心としてさまざまなものがある．ここでは，まず計測と測定の違いを確認することからはじめる．また，計測で用いる単位は世界共通の国際単位系で統一されていることや，計測には必ず誤差が出てくること，また，計測器の性能を表す精度や感度についても説明する．本章を通して，計測の大切さを学んでほしい．

1-1 計測とは

······ 測定し 目標達せば 計測だ

❶ 計測は，測定よりも幅広い概念をもつ．
❷ 計測工学とは，ものづくりと密接に結びついて行われる総合的な技術の体系である．

1 計測と測定

　工業標準化法に基づいて，すべての工業製品について定められる日本の国家規格である**日本工業規格**（Japan Industrial Standard；略称 **JIS**）の計測用語によれば，「特定の目的を持って，事物を量的にとらえるための手段・方法を考究し，実施，その結果を用い，所期の目的を達成させること」を**計測**（instrumentation）という．また，基準として用いる量と比較し，ある**単位**に基づいて数値または符号を用いて表すことを**測定**（measurement）という（**図1・1**）．

図1・1　測定と計測

　私たちは，測定により新たなデータを手に入れることができる．しかし，それらがデータの羅列に終始している場合には，計測ができたとは言えない．測定により，データが情報として整理され，それらを用いて目的を達成することができたとき，計測ができたと言えるのである．このように，計測は測定よりも広い概念となっている．
　本書でも，これに従い，単なるデータ収集を測定といい，それらのデータを活

用する意味合いを含んだものを計測と記述する．ただし，両者を厳密には区別できない場面もある．

計測工学とは，測定技術を基礎として設定され，工業の生産過程において，ものづくりと密接に結びついて行われる総合的な技術の体系である．また，これを**工業計測**ということもある．

❷ 計測が大切な理由

　ものづくりの場面において，計測が大切な理由について例をあげて説明する．工業化が進み，大量生産でものがつくられるようになると，それぞれの部品が互いに交換可能な互換性をもつ必要が生じるようになった．部品が互換性をもつということは，A工場でいう1 mmとB工場でいう1 mmとが完全に同じ長さを意味しているということである．この保証がなければ，各工場によって，1 mmというものが違う長さを表していることになるため，それぞれの工場でつくられた部品を組み合わせて何かをつくることができない．

　この問題は1776年に独立し，その後も大量の武器を必要としていたアメリカの銃工場で発生した．それまで，製品ごとにバラバラであった銃の部品を一定の少ない誤差範囲で量産するようにしたのはホイットニーであった（**図1・2**）．すなわち，彼はそれぞれの部品に互換性をもたせることで，大量生産を可能にしたのである．

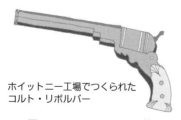

ホイットニー工場でつくられた
コルト・リボルバー

図1・2　ホイットニーの銃

　このとき，製品に互換性をもたせるために長さの標準原器が必要となったので，これを作成した．次に，ノギスやマイクロメータなど，長さを精度良く測定できる測定器が発明された．さらに大量生産では，それぞれの長さの絶対値を読み取るよりも一定の誤差範囲に収まっているかを素早く知るために限界ゲージやブロックゲージなどが発明された．これらの測定器の詳細は後述する．

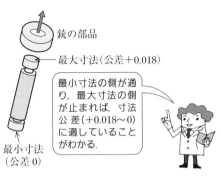

図1・3　限界ゲージ

　このように生産の場において，それまで経験や勘に基づいて進められていたものづくりは，計測を通じて得た客観的な測定値をもとに行うことができるようになり，科学へと接近していくことになる．そして，これらの計測技術の進展は，後に自動車などを大量生産するために不可欠な基礎技術となっていくのである．

COLUMN　フォードシステム

　フォード社を設立したヘンリー・フォードは，何とかして自動車を一般大衆，特に農村の人にも乗れるものにしたいと考えていた．そのためには，まず自動車の価格を下げなければならない．価格を引き下げるためには大量生産方式によるコストダウンが必要であった．そのため，ヘンリー・フォードは大量の製品を迅速に効率よく生産できるように，**フォードシステム**とよばれる部品の**標準化と移動組立ライン**という方法を編み出した．

　部品を標準化することによって，一度に大量のロットの部品がつくられるため，コストが下がり，また生産現場の労働者の学習によって歩留まりが高くなるなど生産効率が上昇し，さらにコストダウンが可能となった．ここで，重要な役割を果たしていたのが部品の計測である．また，移動組立ラインの導入によって，以前は13時間かかっていた1台の生産が，巻揚機でシャーシを引っ張るようにして組立ライン上を動かしていくことによって5時間50分に短縮され，さらに自動ベルトコンベヤを導入すると1台を1時間半で組み立てることができるようになったのである．

1-2 国際単位系

計測で 用いる単位は 世界共通

1. 国際単位系の基本単位は7種類である．
2. 必要に応じて，組立単位や補助単位が使用される．

1 国際単位系

世界的に統一された単位系として**国際標準化機構**（International Organization for Standardization，略称 ISO）が定める**国際単位系**（SI 単位系）がある．JIS でも 1974 年以来，SI 単位系を導入している．

SI 単位系には，7 種類の**基本単位**と 2 種類の**補助単位**がある（**表 1・1，表 1・2**）．また，その他の単位は，基本単位を組み合わせた**組立単位**として作成されている（**表 1・3**）．

固有の名称をもつ組立単位は，〔N〕や〔Pa〕の単位で覚えるだけでなく，それを構成する基本単位をきちんと覚えておくとよい（**表 1・4**）．

計測工学では，長さの計測が中心となるが，関連して，いろいろな物理現象も登場する．物理現象は，長さ，質量，時間，電流，温度，物質量，光度の 7 つの物象を基本に，空間，時間，力学，熱，電気，磁気，光，放射，音響などが対象となる．

表 1・1 基本単位

長　さ	メートル〔m〕
質　量	キログラム〔kg〕
時　間	秒〔s〕
電　流	アンペア〔A〕
熱力学温度	ケルビン〔K〕
物質量	モル〔mol〕
光　度	カンデラ〔cd〕

表 1・2 補助単位

平面角	ラジアン〔rad〕
立体角	ステラジアン〔sr〕

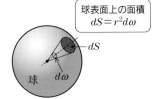

円の周上でその半径の長さに等しい弧を切り取る2本の半径の間に含まれる角度

球の中心を頂点とし，その半径の平方に等しい面積の球面上の部分の中心に対する角度

図1・4　平面角と立体角

表1・3　組立単位

面　積	平方メートル〔m^2〕
体　積	立方メートル〔m^3〕
速　さ	メートル毎秒〔m/s〕
加速度	メートル毎秒毎秒〔m/s^2〕
密　度	キログラム毎立方メートル〔kg/m^3〕

表1・4　組立単位──固有の名称をもつもの

力	ニュートン〔N〕	$kg·m·s^{-2}$
圧力，応力	パスカル〔Pa〕	$N·m^{-2}$ または $kg·m^{-1}·s^{-2}$
エネルギー，仕事	ジュール〔J〕	$N·m$
仕事率，動力	ワット〔W〕	J/s
周波数	ヘルツ〔Hz〕	s^{-1}

❷ 接頭語

SI単位系では，単位の前に十進の倍量や分量を表す**接頭語**をつける方法が採用されており，下記のものがある（**表 1・5**）。

表1・5　補助単位

倍数	記号	名称	倍数	記号	名称
10^{12}	T	テラ（tera-）	10^{-1}	d	デシ（deci-）
10^9	G	ギガ（giga-）	10^{-2}	c	センチ（centi-）
10^6	M	メガ（mega-）	10^{-3}	m	ミリ（milli-）
10^3	k	キロ（kilo-）	10^{-6}	μ	マイクロ（micro-）
10^2	h	ヘクト（hecto-）	10^{-9}	n	ナノ（nano-）
10	da	デカ（deca-）	10^{-12}	p	ピコ（pico-）

なお，これらを漢字表示と対応させると，次のようになる（**表 1・6**）。

表1・6　単位の漢字表記

10^{68}	無量大数	むりょうたいすう	10^4	万	まん
10^{64}	不可思議	ふかしぎ	10^3	千	せん
⋮			10^2	百	ひゃく
10^{24}	秄	じょ	10^1	十	じゅう
10^{20}	垓	がい	10^0	一	いち
10^{16}	京	けい	10^{-1}	分	ぶ
10^{12}	兆	ちょう	10^{-2}	厘	りん
10^8	億	おく	10^{-3}	毛	もう

COLUMN　計量記念日

1885（明治18）年に明治政府はメートル条約に加盟したが，世の中では，尺貫法とメートル法，ヤード・ポンド法が使われており，混乱していた。日本には，度量衡法や計量法などがあったが，1992（平成4）年に新しい計量法が公布され，国際単位系への統一に向けて動き出した。なお，計量法が施行された1993（平成5）年11月1日にちなみ，以後11月1日を計量記念日とし，計量制度の普及や社会全体の計量意識の向上を目指している。

1-3 誤差

……………………計測で 真の値は はかれない？

Point
① 誤差とは，測定値から真の値を引いた値のことである．
② 誤差は，発生原因によって分類できる．

❶ 誤差とは

測定では，大なり小なり必ず**誤差**（error）が生じる．ここで誤差とは，測定値から真の値を引いた値のことである．

$$誤差＝測定値－真の値$$

精度の良い測定を行うことにより，真の値に近い値を見いだすことができる．しかし，どんなに精密な計測器を使用しても，真の値を測定することはできない．真の値が測定できないのなら，誤差が測定できないと思うかもしれないが，真の値に少しでも近づくような標準を決めておく必要が出てくるのである．

また，誤差の大きさの度合いを**誤差率**で表す．

$$誤差率＝\frac{誤差}{真の値}$$

❷ 誤差の種類

誤差は，いろいろな要因で生じるが，発生原因によって分類できる（**図 1・5**）．

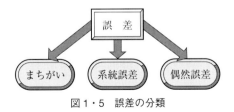

図 1・5 誤差の分類

まちがい（mistake）は，測定者が86と読むべきところを誤って83と読んでしまったり，正しく読んだとしても，記録するときに誤った数値を記入してしまうことである（図1・6）．

図1・6　まちがい

　系統誤差（systematic error）は，発生原因と傾向がわかっている誤差のことであり，補正によって測定値を正すことができる．この誤差には，計測器の熱膨張によって生じる**理論誤差**，マイクロメータのねじのピッチが一定でないなど使用する計測器に原因があって生じる計測器の**固有誤差**，目盛を読むときに測定者のくせによって生じる**個人誤差**などがある（図1・7）．

　これらの誤差は，その原因と傾向がわかっている場合には測定値から取り除くことができるが，一般的には完全に取り除くことは難しい．

図1・7　系統誤差

　偶然誤差（accidental error）は，まちがいをなくし系統誤差を補正しても，測定値がばらつく誤差のことである（図1・8）．この誤差は，測定方法に規定されるため，完全に取り除くことは難しい．しかし，繰り返し測定により，特定の分布を得ることができれば，統計的な手法により，真の値の推定値の精度を上げることはできる．

図1・8　偶然誤差

　たとえば，同じ大きさの偶然誤差は正と負でほぼ同じ回数生じることや，小さい偶然誤差は大きい偶然誤差より多く生じることなどが知られている．

1-4 計測器の性能

計測器 精度と感度は 微妙な関係

Point
1. 計測器の精度とは，精密さと正確さを含めたものである．
2. 精度のよい測定を行うためには，感度のよい計測器を用いる必要がある．

❶ 計測器の精度

計測器を用いて，同じ条件で何度か測定したときに，**ばらつき**が小さいほど**精密さ**（precision）がよいという（図 1・9 A，B）．反対にばらつきが大きいものを精密さが悪いという．ばらつきは偶然誤差が原因である．

また，測定値の平均値と真の値との差を**かたより**といい，これが小さいほど**正確さ**（accuracy）がよいという（図 1・9 C，D）．かたよりは系統誤差が原因である．

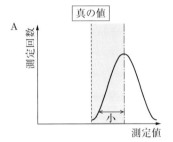
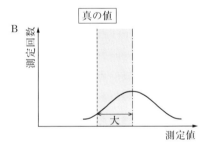

A は B よりばらつきが小さいので，B より精密さがよいという

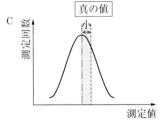
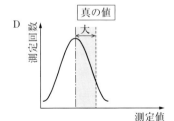

C は D より**かたより**が小さいので，D より正確さがよいという

図 1・9

計測器の**精度**とは，この精密さと正確さを含めたものと定められている．これは，精密さがよくても必ずしも正確さがよいとは限らないことや，その逆があるためである．

❷ 計測器の感度

計測器の**感度**とは，測定量の変化を感じる度合いのことであり，次式で表される．

$$感度 = \frac{指示量の変化}{測定量の変化}$$

例えば，測定量の変化が 0.05 mm あったときに，計測器の指針の指示量の変化が 5 mm であったとき，感度は 5/0.05 ＝ 100 となる．

計測器の感度は高いほうがよいのだろうか．一般に感度のよい計測器ほど，測定範囲が狭くなり，外部からの振動などにも敏感になるため，使いにくくなることが多い．そのため，感度をよくすれば正確な測定になるとは限らない．

すなわち，精度のよい測定を行うためには，感度のよい計測器を用いる必要があるが，その逆は成り立たないのである．

❸ トレーサビリティ

トレーサビリティとは，Trace（追跡する）と Ability（できる）の合成語であり，JIS Z 8103（計測用語）によれば「標準器または計測器がより高位の標準によって次々と校正され，国家標準に繋がる経路が確立されていること」と規定されている．計測器は，その測定結果が同じ基準に基づいている必要があり，国家が維持・管理している標準に対して，トレーサビリティが確立していなければならない．わが国では，産業技術総合研究所などが計測標準の基本単位の確立と維持・管理を行っている．

また，ISO 9000 では「記録物によって，その履歴，転用または所在を追求できる能力」と定義されており，工場や事業所の品質管理システムそのものを第三者機関が検査し，品質保証システムが適切に機能していることを制度的に保証・評価するものである．最近では牛肉の BSE や無登録農薬，偽装表示などの問題によって食品に対する信頼が損なわれてきていることをきっかけに，食品のトレーサビリティにも関心が高まっている．

1-5 計測器の構成

計測は 大きな1つの システムだ

① 計測器は，検出部，伝達部，受信部から構成される．
② 計測の方法には，アナログとディジタルがある．

❶ 計測器の構成

計測器は，測定量を検出する検出部，これを電気信号に変換して伝える伝達部，これを受信して指示・記録する受信部などから構成される（図1・10）．

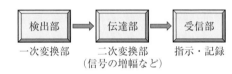

図1・10 計測器の構成

検出部では，温度を電気信号に変換したり，長さを回転角に変換したりする．このように，ある量をこれと一定の関係にある量に変換する機器を**変換器**という（図1・11）．

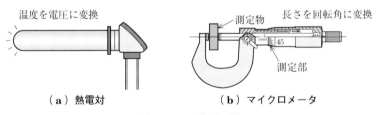

（a）熱電対　　　（b）マイクロメータ
図1・11 変換器の例

実際の生産現場では，さまざまな計測器が複数並んで計測が行われることが多い．このとき，測定量を電気信号に変換しておくと，自動制御システムを構築することができ，人手を省くこともできる．そのため，計測システムを学ぶ場合には，それらに関わる電気信号の取り扱いについても学んでおく必要がある．

❷ 計測の方法

測定した結果を表示したり，信号として伝えるには，次の2つの表し方がある

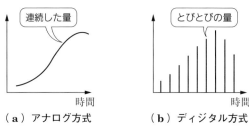

図 1・12　アナログとディジタル

（**図 1・12**）．

　アナログ（analog）方式は，測定結果を連続した物理量として表示する方法である．例えば，アナログ回線の電話では電気信号の波形，アナログレコードでは刻まれた溝の形状による波形などの連続量で表されている．この方式は，指針の振れなどで測定を行うため，その変化量などを直観的に感じることができる．

　ディジタル（digital）方式は，測定結果を離散的なとびとびの物理量（普通は二進数）として表示する方法である．モールス信号では短点と長点の組合せ，CD や DVD では光を反射するピットの長短の組合せ，FD や HDD では磁石の NS の向きの組合せなどを，とびとびの物理量に変換している．この方式は，測定値の収集が容易であること，コンピュータなどと接続して測定値の記憶・演算・伝送などが容易であることなどの特徴がある．そのため，現在多くの測定はディジタル方式で行われている．

　なお，アナログ信号をディジタル信号に変換することを **AD 変換** という．これは，グラフに表示されたアナログデータを適当な時間間隔ごとに読みとり，適当な桁数のディジタルデータに変換するものである．この作業を **標本化**（**図 1・13**）といい，1 秒間に標本化する回数を **サンプリングレート** という．また，ディジタル信号をアナログ信号に変換することを **DA 変換** という．

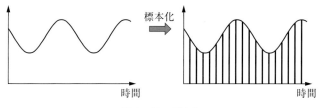

図 1・13　標本化

1-6 有効数字

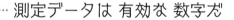
測定データは 有効な 数字だ

① 測定データをまとめるときは有効数字の取り扱いが大事である．
② 測定データの演算もできるようにする．

① 有効数字

さまざまな方法で計測したデータは，何らかの数値で表される．**有効数字**とは，それらの数値のうち，意味のある信用ができる数字のことである．計測したデータは，測定の正確さに応じて有効数字の桁数を決めておく必要がある．有効数字は，はじめて誤差が入ってくる桁までが含まれる．

一般の工学実験では，有効数字は 3〜4 桁であり，通常は 3 桁で行われることが多い．また，円周率 $\pi = 3.14159\cdots$ などの定数は，測定量の有効数字の桁数より 1 桁多くとって計算し，結果を四捨五入する．

有効数字 3 桁とは

　　　123,　　45.6,　　0.789,　　123×10^3

において，いずれも 3 桁目に誤差が含まれているということを意味する．

1-1　次の測定値が表す範囲を示しなさい．
(1) 17.5　　(2) 17.50　　(3) 175

解答　(1) $17.45 \leq l < 17.55$
(2) $17.495 \leq l < 17.505$
(3) $174.5 \leq l < 175.5$

1-2 次の測定値の有効数字を示しなさい．
(1) 246　　(2) 70.00　　(3) 9.20×10^3　　(4) 0.028

解答 (1) 3桁　(2) 4桁　(3) 3桁　(4) 2桁

❷ 測定データの演算

① 加減の計算

測定データの加減の計算は，誤差がもっとも大きい測定値の末位より1桁下まで計算し，最後の桁を四捨五入する．

1-3 次のデータを加算しなさい．
(1) $5.63+0.572$　　(2) $3.46+5.324$
(3) $25+1.3$　　(4) $1.23+5.724$

解答 (1) 与式 $= 5.63+0.572 = 6.202 = 6.20$
(2) 与式 $= 3.46+5.324 = 8.784 = 8.78$
(3) 与式 $= 25+1.3 = 26.3 = 26$
(4) 与式 $= 1.23+5.724 = 6.954 = 6.95$

1-4 次のデータを減算しなさい．
(1) $7.65-2.134$　　(2) $8.764-4.32$
(3) $52-2.1$　　(4) $7.007-0.858$

解答 (1) 与式 $= 7.65-2.134 = 5.516 = 5.52$
(2) 与式 $= 8.764-4.32 = 4.444 = 4.44$
(3) 与式 $= 52-2.1 = 49.9 = 50$
(4) 与式 $= 7.007-0.85 = 6.157 = 6.16$

② 乗除の計算

測定データの乗除の計算は，有効数字の桁数がもっとも小さい数値の桁数より1桁多くなるように計算し，その桁の数値を四捨五入する．

1-5 次のデータを乗算しなさい．
(1) 1.3×21.1　　(2) $5.73 \times \pi$　　(3) 3.6×2.573

(1) 与式 $= 1.3 \times 21.1 = 27.43 = 27$
(2) 与式 $= 5.73 \times 3.141 = 17.99 = 18.0$
(3) 与式 $= 3.6 \times 2.573 = 9.2628 = 9.3$

1-6 次のデータを除算しなさい．
(1) $25.4 \div 3.7$　　(2) $8 \div 31$　　(3) $(1.11 + 1.13 + 1.10) \div 3$

(1) 与式 $= 25.4 \div 3.7 = 6.86486\cdots = 6.9$
(2) 与式 $= 8 \div 31 = 0.258\cdots = 0.3$
(3) 与式 $= (1.11 + 1.13 + 1.10) \div 3 = 1.11333\cdots = 1.11$

※ ここで，有効数字の対象となるのは，測定データのみということに注意する必要がある．たとえば，円周率を $\pi = 3.14$ とするのは，有効数字が3桁であるからではなく，定数の近似値であることを示している．なお，実際の円周率は，3.14159……と続く，循環しない無理数である．

章末問題

問題 1 SI 単位系における 7 種類の基本単位を述べなさい．

問題 2 組立単位であるニュートン〔N〕を基本単位で表しなさい．

問題 3 組立単位であるジュール〔J〕を基本単位で表しなさい．

問題 4 接頭語である G（ギガ），M（メガ），μ（マイクロ），n（ナノ）を 10 のべき乗で表しなさい．

問題 5 誤差と誤差率の定義を述べなさい．

問題 6 発生原因と傾向がわかっている誤差を何というか．また，これをさらに 3 種類に分類しなさい．

問題 7 図 1・14 の測定値と測定回数のグラフについて，正確さと精密さを比較しなさい．

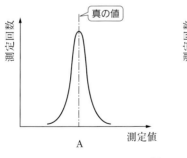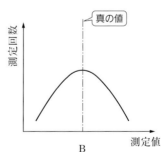

図 1・14

問題 8 感度の定義を述べなさい．

問題 9 精度と感度に成り立つ関係を述べなさい．

問題 10 トレーサビリティの重要性を述べなさい．

問題 11 アナログ方式による測定より，ディジタル方式による測定が優れている点をまとめなさい．

問題 12 アナログ信号をディジタル信号に変換することを何というか．

問題 13 次のデータを有効数字3桁に丸めなさい．
(1) 6.284　　(2) 0.079132
(3) 331.200　(4) 147 300

COLUMN

　有効数字などに基づいて数値の端数を処理して，桁数を少なくすることを「数値の丸め処理」，または「数値を丸める」などという．その方法については，切り下げ，切り上げ，四捨五入などのほか，偶数のとき切り捨て，奇数のとき切り上げを行うなど，いくつかの方法がある．
　なお，数値のまとめ方には，2回以上の丸めの禁止の原則がある．これは例えば，12.251 は本来ならば，12.3 にまとめなければならないのに，まず 12.25 とし，次いで 12.2 としてしまうようなものである．
　同じ数値を 2 回以上丸めてはいけない．

第2章

長さの計測

> 計測を学ぶには，まず関連する物理量の基準や単位をきちんと理解しておく必要がある．本章では，ものづくりの基本となる長さの基準と単位から説明する．実際の計測としては，ノギスやマイクロメータなどを用いた機械的計測から，より精密な計測ができる光てこや光波干渉による光学的計測，工場現場などで多く用いられている空気圧マイクロメータによる流体的計測など，さまざまなものを紹介する．また，長さの測定誤差についても具体例をあげてまとめた．長さの計測は，実際の計測を学ぶための第一歩になるはずである．

2-1

長さの基準と単位

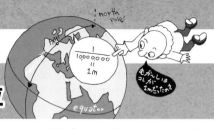

―― メートルの 基準は 地球から光速へ

1. 長さの基準はメートルである．
2. 長さの計測には線度器か端度器が使用される．

1 長さの基準と単位

　長さの測定は，機械工学で最も多く行われる測定である．これは，直接に長さを測定するのではなく，圧力や温度などの各種物理量を測定する場合でも，いろいろな変換器を通して，目盛りを読むなどして，長さ（変位）として表すことが多いためである．長さの基本単位は国際単位系でもある m（メートル）である．
　長さの基準は，時代によって次のように変化してきた．

① 地球の大きさを基準

　1795 年：フランスがメートル法を採用した．北極と赤道の間にはさまれる子午線の弧の長さの千万分の 1 に等しい長さを 1 m とした．

② 国際メートル原器（図 2・1）

　1875 年：メートル条約を締結
　1885 年：日本も条約に加盟して No.22 のメートル原器を保有し，これを長さの基準とした．
　これは，温度 0°C のときの基準長さを 1 m とした．

③ 光波基準

　1960 年：クリプトン 86 原子の発する橙色のスペクトル線が真空中を伝わる波長の 1650763.73 倍を 1 m とした．

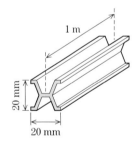

図 2・1　国際メートル原器

④ 光速基準

　1984 年：1 秒の 299792458 分の 1 の時間に光が真空中を伝わる行程の長さを 1 m とした．

　このように，長さの基準は，時代によって変化しており，現在は光速基準になっている．メートル原器のほうがわかりやすい感じもするが，人工的なものである

から，絶対に不変ということはない．光は不変性，再現性，永久性などの面で優れているため，現在は光速基準が採用されている．これにより，いつでもどこでも設備さえあれば，長さの基準を得られるようになった．

しかし，実際に工場などでは，計測のたびに光速で長さを測定することは困難であるため，長さの**二次基準**として，いろいろな線度器や端度器が使用されている．

❷ 線度器や端度器

線度器とは，表面に刻まれた標線間の距離で長さの基準を示したものであり，標準尺やノギスなどがこれに分類される．

端度器とは，2 端面間の距離や位置で長さや角度の基準を示したものであり，代表的なものにブロックゲージがある．

ブロックゲージは，ブロックの端面間隔で長さを定義する端度器であり，実用的な長さの標準器として広く用いられている（**図2・2**）．材質には，鋼やセラミックスなどが用いられ，0.5 mm ～ 100 mm までのさまざまな長さのブロックを組み合わせることによって任意の長さを構成することができる．これを**リンギング**という（**図2・3**）．

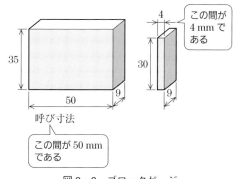

図2・2　ブロックゲージ

ブロックゲージのリンギングは，次の ① ② の手順で行う．
① 下の桁から決めていく．
② 最小の枚数で組み合わせる．

```
＜103個組ブロックゲージの寸法＞
1.01 ～ 1.49（0.01 mm 刻み）　49 個
0.5 ～ 24.5（0.5 mm 刻み）　　49 個
25 ～ 100（25 mm 刻み）　　　 4 個
1.005                         1 個
                      合計 103 個
```

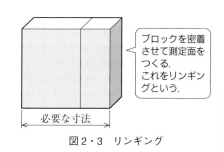

図2・3　リンギング

2-2 長さの計測

―――― 計測で 一番多い 長さの測定

Point
❶ ノギスは，0.05 mm 刻みで，長さを測定できる．
❷ マイクロメータは，0.01 mm 刻みで，長さを測定できる．

1 機械的計測

●1 直尺・巻尺

直尺は，一般に定規とよばれ，長さを測定したり，線を引いたりするために使用する（**図2・4**）．また，**巻尺**は，円形の容器に巻き込み，使用するときに引き伸ばして使うものさしである（**図2・5**）．

図2・4 直 尺

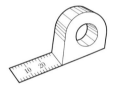

図2・5 巻 尺

●2 ノギス

直尺や巻尺では肉眼でそのまま目盛を読みとるが，その限界は 0.2 mm 程度であろう．さらに細かいものを精度よく測定するため，多く使用されるのが**ノギス**であり，フランスの幾何学者バーニアによって1631年に発明された（**図2・6**）．

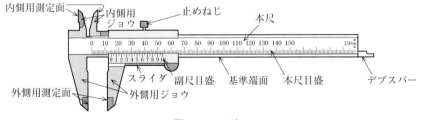

図2・6 ノギス

① ノギスの使い方
(1) 外径の測定（**図 2・7**）

測定物を外側用ジョウの測定面ではさみ，本尺と副尺が合致する目盛を読みとる．

(2) 内径の測定（**図 2・8**）

測定物を内側用ジョウの測定面に合わせて，本尺と副尺が合致する目盛を読みとる．

(3) 深さの測定（**図 2・9**）

本尺の末端部を深さ測定面に合わせ，スライダでデプスバーを最深部に合わせ，本尺と副尺が合致する目盛を読みとる．

(4) 段差の測定（**図 2・10**）

測定段差の端面にノギスの本尺とスライダの頭部側面を合わせ，本尺と副尺が合致する目盛を読みとる．

② ノギスの原理

ノギスは，主尺と副尺（バーニア）を組み合わせて，20 分の 1（0.05）mm までの寸法を測定できる．本尺の 19 目盛（19 mm）を 20 等分したものを副尺としている．そのため，副尺の 1 目盛は 19/20 ＝ 0.95 mm となり，本尺と副尺との差である 0.05 mm（1 mm − 0.95 mm）までの数値を読むことができる．

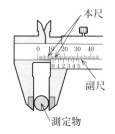

図 2・7　外径の測定

図 2・8　内径の測定

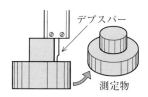

図 2・9　深さの測定

図 2・10　段差の測定

③ 目盛の読み方（図 2・11）

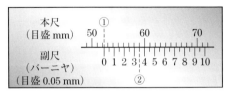

副尺の目盛が 0.05 mm のノギスでは，小数第2位は 0 か 5 になる．0 の場合も，0 を読みとったという意味で，きちんと 0 を表記する

図 2・11 目盛の読み方

① 副尺の目盛が 0 の左上の目盛を読みとる．ここでは，52 mm．
② 本尺と副尺の目盛が一致する部分の副尺を読む．ここでは，0.35 mm．
③ ① と ② で読んだ値を加えたものを測定値とする．
ここでは，52＋0.35＝52.35 mm．

2-1 図 2・12 と 図 2・13 に示すノギスの目盛を読みとりなさい．

(1)

図 2・12

(2)

図 2・13

解答

(1) 図 2・12 より
　① 副尺が 0 の左上の目盛を読む
　　11 mm
　② 本尺と副尺の目盛が一致する
　　ところの副尺の目盛を読む
　　0.20 mm
　③ 11＋0.20＝11.20 mm

(2) 図 2・13 より
　① 同じく
　　30 mm
　② 同じく
　　0.65 mm
　③ 30＋0.65＝30.65 mm

COLUMN インチ

長さの SI 単位はメートル〔m〕であるが，世の中には，ほかにもさまざまな長さの単位がある．メートル法を採用している日本でも，アメリカを起源とする製品の表記には，製造上の理由や互換性を維持するために，インチ単位が用いられるものがある．

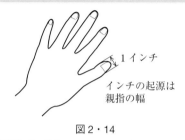

図 2・14

インチ（inch）は，ヤード・ポンド法における長さの単位であり，元々は，男性の親指の幅に由来する身体尺であったとされている（**図 2・14**）．古代ローマにおいて，フィートと関連づけられてその 12 等分した長さが 1 インチと定められたのである．現在は 1 インチ＝0.0254 m（2.54 cm）と定められている．また，フィート（feet）は，約 3 分の 1 m に相当し，現在は正確に 0.3048 メートルと定められている．

身近な製品でインチ単位が用いられているものには，次のようなものがある．なお，インチという単位表記は商法上，商取引には使用できないため，型と表記される場合が多い．これらをメートル単位に換算すると，次のようになる．

- 3.5 インチのフロッピーディスクは，媒体の直径を表す．
    3.5×2.54＝8.89 cm
- 15 型のパソコンのディスプレイモニタは，表示部の対角寸法の長さを表す．
    15×2.54＝38.1 cm
- 20 インチの自転車は，タイヤのホイールの直径を表す．
    20×2.54＝50.8 cm
- 30 インチのジーンズは，ウエスト周りの長さを表す．
    30×2.54＝76.2 cm

● 3 マイクロメータ

マイクロメータは，ねじを利用して直線変位を回転角に変換して，さらにこれを拡大して長さを測定するものである（図 2・15，16）．ねじのピッチは 0.5 mm であり，シンブルの円筒目盛が 50 等分してあるので，1 目盛は $0.5 \times 1/50 = 0.01$ mm となる．なお，測定圧には個人差があるので，これを一定にするために一定圧をかけることができるラチェットストップが取り付けられている．

マイクロメータの精度はノギスよりよいが，測定範囲は一般的にノギスより狭い．

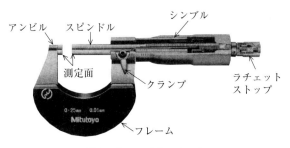

図 2・15　マイクロメータ

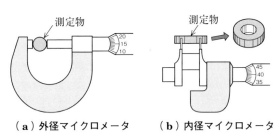

（a）外径マイクロメータ　　（b）内径マイクロメータ

図 2・16

① マイクロメータの使い方

円筒や球体の直径測定では，端部で測定すると誤差が生じてしまうため，アンビルとスピンドルの測定面の中央部で測定する．

② 目盛の読み方（図 2・17）

① スリーブの目盛がシンブルで隠れる手前の目盛を読む．

図 2・17 においては，10.0 mm

② スリーブの軸線上にあるシンブルの目盛を読む．ここでは，0.15 mm．

③ ①と②で読んだ値を加えたものを測定値とする．ここでは，10.0＋0.15＝10.15 mm．

　なお，スリーブの目盛は 0.5 mm の刻みである．まちがいのないように注意する．

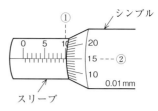

図 2・17　目盛の読み方

2-2　図 2・18 と図 2・19 に示すマイクロメータの目盛を読みとりなさい．

(1)

図 2・18

(2)

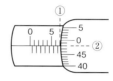

図 2・19

解答

(1) 図 2・18 より
　① 6.5 mm
　② 0.41 mm
　③ 6.5＋0.41＝6.91 mm

(2) 図 2・19 より
　① 7.0 mm
　② 0.48 mm
　③ 7.0＋0.48＝7.48 mm

シンブルの目盛は，0〜0.50 mm までしかないため，0.51〜0.99 mm までの値はスリーブの下の目盛で 0.50 mm まで読んだものに加え合わせる．

● 4　ダイヤルゲージ

　ダイヤルゲージは，歯車を利用して直線変位を回転角に変換して拡大するものであり，0.01 mm までの測定ができる（**図 2・20**）．この測定器は，基準点に対する加工品の寸法を測定したり，位置決めをするときに用いられる．最大の測定範囲は 5 mm または 10 mm 程度であり，測微計ともよばれる．

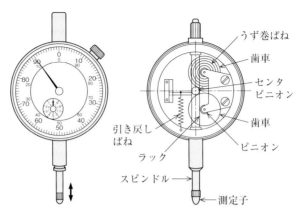

指針が1回転すると小針が回転して
何回転したのかを表す

（a）表　　　　　　　（b）裏

図2・20　ダイヤルゲージの構成

① ダイヤルゲージの使い方

　ダイヤルゲージは単独では使用できず，ダイヤルゲージスタンドに取り付けて使用する（**図2・21**）．測定物の基準面に測定子を押しあて，ここを0とする．そして，測定物の測定子を押しあて，その目盛を読みとる．

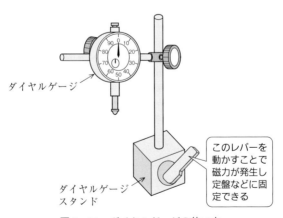

図2・21　ダイヤルゲージの使い方

ダイヤルゲージは，定盤を基準にした測定（**図 2・22**）や比較測定（**図 2・23**）に用いられることが多い．

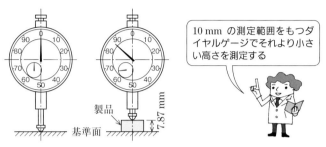

図 2・22 定盤を基準面にした測定

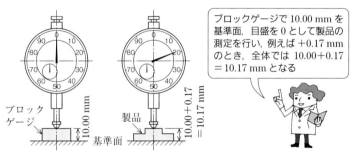

図 2・23 比較測定

● 5 ハイトゲージ

ハイトゲージは，ノギスを立てたような形をした測定器であり，定盤の上で工作物の高さを測定・検査したり，工作物に精密な平行線をけがくために用いられる（**図 2・24**）．目盛部分に拡大鏡を取り付けて，1/50 mm まで読みとれるようにしたものが多い．

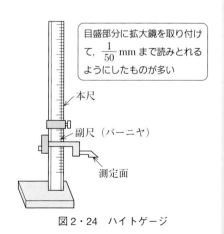

図 2・24 ハイトゲージ

● 6 デプスゲージ

デプスゲージは，穴の深さや溝の測定に用いられる測定器であり，目盛の読み方はノギスやマイクロメータと同じである（**図2・25**）．

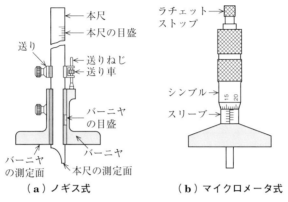

図2・25 デプスゲージ

❷ 光学的計測

光学的な計測は，可動部が少なく軽量にできることや，小さな測定力を拡大できることなどの特徴がある．投影系を応用したものは，明るい部屋での測定が難しいため，主に精密測定室において，工具類や精密部品などの検査用として用いられる．

● 1 光てこ

光てこは，てこの運動を光線の運動に置き換えることで，微小な長さを拡大することができる．これを用いた測定器に**オプチメータ**がある（**図2・26**）．オプチメータは，スピンドルの変位を反射鏡の回転に変換し，目盛尺が刻まれているガラス板に像を刻むものを接眼レンズを通して読みとる．測定子の変位を x，そのときの反射鏡の回転角を θ とすると，反射光は 2θ 振れて，スケールに到達する．

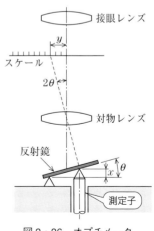

図2・26 オプチメータ

オートコリメータは，同じく光てこを用いた計測器である（**図 2・27**）．光源を出た光は，レンズと目盛板を通過して，半透明の反射鏡で反射し，対物レンズを通って反射鏡で反射して，元の経路に戻る．これが焦点ガラス板に像を結ぶため，これを読みとる．この測定器は，工作機械や定盤などの真直度，平面度，微小角度などの精密測定に広く使用されている．

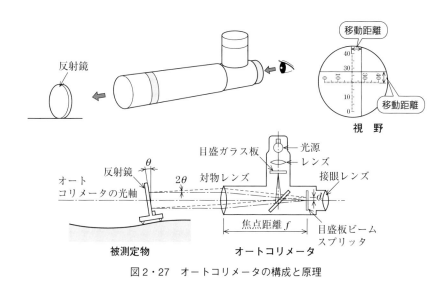

図 2・27　オートコリメータの構成と原理

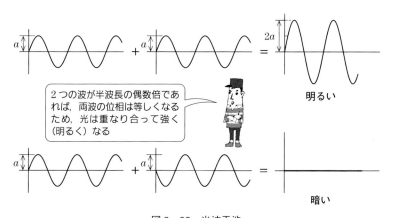

図 2・28　光波干渉

● 2 光波干渉

光波干渉とは，光源から出た光が2つ以上の光に分かれ，別々の光路を通ったあと再び重ね合ったとき，光路差によって光は強くなったり弱くなったりして干渉縞を発生する（図 2・28）．

光波干渉計とは，この干渉縞を解析して測定体の表面形状や平面度を求めるものである．

① 光波干渉によるすき間の測定（図 2・29）

単色光が光源 A から矢印の方向に AB と進むと，その一部は B で反射して BD と進み，その他は B を通過して C で反射して CD と進む．ここで，空気層の厚さを d とすると，後者は前者より $2d$ だけ長い経路を進むことになる．

ここでは，逆位相の干渉が起きているため，n を整数とすると，波長を λ として，明線と暗線について，次式が成り立つ．

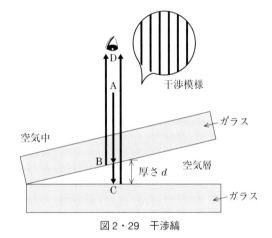

図 2・29 干渉縞

$$明線：2d = \left(n + \frac{1}{2}\right)\lambda$$

$$暗線：2d = n\lambda$$

よって，干渉縞の数 n 〔本〕を数えることで，すき間 d を測定できる．

② 光波干渉による平面度の測定

ブロックゲージやマイクロメータ測定面の平面度は，光波干渉の原理を用いたオプチカルフラットで測定できる（図 2・30）．

例えば，洗浄したブロックゲージの1面にオプチカルフラットを軽く重ね，干渉縞の状態を調べる．

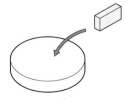

図 2・30 オプチカルフラット

(1) 平行な干渉縞が現れれば，異常はない．すなわち，平面である（図**2・31**(a)）．
(2) 測定面に曲がった干渉縞が現れれば，異常がある．すなわち，凹凸がある（図2・31(b)）．

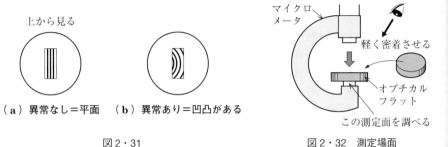

図2・31　　　　　　　　　　　図2・32　測定場面

別の例をあげて考えてみよう．図**2・32**のように，洗浄したマイクロメータの測定面にオプチカルフラットを軽く重ね，干渉縞の状態を調べる．
(1) 平行な干渉縞が現れれば，異常はない．すなわち，平面である（図**2・33**(a)）．
(2) 干渉縞が外側に向かって動けば凸面，内側に向かって動けば凸面である（図2・33(b)(c)）．

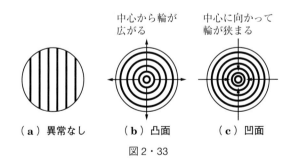

図2・33

光波干渉計に用いられる光の多くにはレーザが使用されているため，ここでレーザについてまとめておく．
　レーザは，LASER（Light Amplification by Stimulated Emission of Radia-

tion）という英語の頭文字をとったものあり,「放射の誘導放出による光の増幅」という意味がある．簡単にいえば，光を電気信号のように増幅して強くすることである．

レーザの歴史は 1906 年にさかのぼる．この年，アインシュタインは誘導放出の理論を発表し，レーザの可能性を指摘した．その後いろいろな実験が行われたが，実際にはレーザ発振を世界ではじめて成功させたのは，1960 年のメイマンである．彼はルビーの結晶を使ってレーザ発振を行った．その後もいろいろなレーザの発振が観測されている．

レーザは他の光源からの光と比較して，指向性，可干渉性において，格段に優れているため，精密測定の多くの場面で使用されている（図 2・34）．

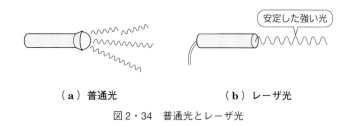

（a）普通光　　　　　　　　（b）レーザ光

図 2・34　普通光とレーザ光

● 3　レーザのしくみ

レーザは次のような 4 段階で，発生させることができる．

① 励起状態

原子や分子などは，ある特定のエネルギーをもって運動している．外部からエネルギーをもらうと，これらの原子，分子はさらに高いエネルギーをもって運動する．

② 自然放出

しかし，しばらくすると，その余分なエネルギーを吐き出し，元のエネルギーの状態に戻ろうとする．吐き出された余分なエネルギーは，光となって外部へ放出される．

③ 誘導放出

この光が他の高いエネルギーをもった原子や分子に衝突すると，そこからも同じ性質の光が放出される．

④ 光の増幅

通常は，高いエネルギーをもった原子や分子の数は少ないので，放出される光は非常に弱い．しかし，高いエネルギーをもった原子や分子の数を多くすると，誘導放出がなだれ現象的に起こり，強力な光を放出できる．また，両端に鏡を置いて放出された光を繰り返し反射させると，光は特定の方向にのみ増幅され，さらに強力な光となる．

4 レーザを利用した測定

レーザ干渉測長機は，光源にレーザを用い，干渉を利用して試料の長さをその干渉縞の縞数を数えて測定する測長機である．レーザには，可干渉距離が長く，周波数が安定している光源として波長安定化ヘリウム・ネオンレーザ（He・Neレーザ）が用いられる（図 2・35）．これは，非接触で精度よく測定ができるため，研究目的だけでなく，生産現場においても，出荷検査などで必須の計測器となりつつある．

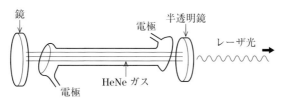

図 2・35　ヘリウム・ネオンレーザ

5 マイケルソン干渉計による長さの測定

図 2・36 に示すように光源から出た光は，コリメータレンズによって平行光となり，ハーフミラーによって 2 つの光路に分割される．2 つに分かれた光束はそれぞれミラー 1，ミラー 2 で反射し，元の光路を逆戻りしてハーフミラーにより重ね合わせられ，CCD カメラにより干渉縞画像を検出する．一方のミラー（ミラー 1）を高精度に研磨された平面（参照面）とし，他方（ミラー 2）を被検面とすれば，被検面の形状を測定することができる．

光の回折と干渉を利用して立体画像を記録再生する**ホログラフィ**は，物体の変形の計測などにも利用されている．

レーザを用いた測定は，長さ，位置検出，振動，角度，速度，外観，形状，面粗さなど，さまざまな分野で利用されている．

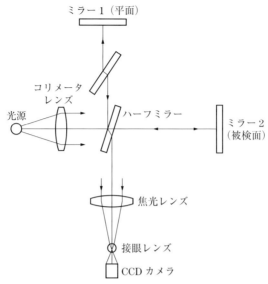

図2・36 マイケルソン干渉計による測長機

❸ 流体的計測

流体である空気を利用した長さの測定器に**空気マイクロメータ**がある．この測定器は，運動部分がきわめて少ないので応答が早いこと，拡大率が大きいこと，連続が測定できることなどの特徴があるため，現場での測定や検査，品質管理などの精密測定に用いられている．

● 1 流量式空気マイクロメータ

流量式空気マイクロメータは，一定圧力の空気がフロートのあるテーパ管を通り，小さなすき間から大気中に流出するときの，ノズルからの空気の流出量の変化をテーパ管のフロートの高さの変化に変換指示するものである（**図2・37**）．流量 Q は，すきま x が大きいときにはノズルの断面積 $\dfrac{\pi d^2}{4}$ に比例し，x に関係なく一定であるが，x が 0.015 mm ～ 0.2 mm の範囲では，πdx に比例し，ノズルの直径 d を一定とすれば x に比例する（**図2・38**）．

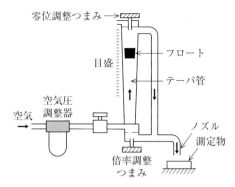

図2・37　流量式空気マイクロメータ

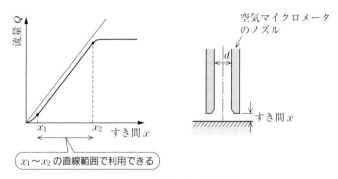

図2・38　流量-すき間特性

● 2　背圧式空気マイクロメータ

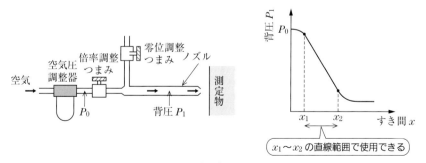

図2・39　背圧式空気マイクロメータ

背圧式空気マイクロメータは，ノズルからの流出によって変化する管内の空気の背圧を測定するものである（**図2・39**）．

> **COLUMN　工場での製品検査** ....
>
> 　小さな部品の大量生産を行う工場では，それらの部品が一定の寸法範囲内にあるかを測定して，部品の検査を行うが，ノギスで目盛を読みとるようにして，それぞれの寸法を出す必要はない．空気マイクロメータを用いれば（**図2・40**），部品を通すだけでそれが寸法範囲内にあるかを判定できるので，このような場合にとても便利である．
>
>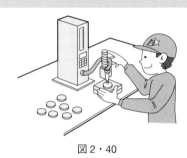
>
> 図2・40

❹ 電気的計測

　長さの計測の多くは，電気信号に変換して電流や電圧のような電気量として用いることが多い．電気的な計測は，高感度の測定ができることや，測定値のコンピュータによる記録，演算などが容易であること，また自動制御などに用いやすいことなどのメリットがある．

● 1　電気抵抗による変換

　導線の電気抵抗 R〔Ω〕は断面積 A〔m²〕に反比例し，長さ l〔m〕に比例する．この関係は，導体の抵抗率 ρ〔Ω・m〕を用いると，次式で表される．

$$R = \rho \frac{l}{A} \text{〔Ω〕}$$

滑り抵抗器は，抵抗線上の接触点を移動させることにより，抵抗線の長さを変化させるものである（**図2・41**）．これにより，抵抗も変化するため，その値で長さや角度を表すことができる．

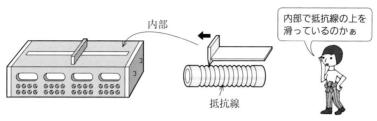

図2・41　滑り抵抗器

滑り抵抗器が用いられている装置に**電位差計**がある．**図2・42**において，ABが滑り抵抗器であり，接点PはAB上を移動する．このとき，AP間の抵抗値は精密に測定できる．EはABに一定の電流を流すための電源である．E_0は起電力がわかっている標準電池，Gは検流計である．スイッチSをC側で閉じ，接点Pを動かして，検流計に電流が流れないようにして，このときのAP間の抵抗をR_0〔Ω〕とする．

次に，スイッチSをD側で閉じ，接点Pを動かして，再び検流計に電流が流れないようにして，このときのAP間の抵抗をR〔Ω〕とする．

検流計Gに電流が流れないとき，AP間の抵抗による電圧降下は，スイッチSを閉じたほうの電池の起電力に等しいため，ABを流れる電流をI〔A〕とすると，次式が成立する．

$$R_0 I = E \qquad RI = E_1$$

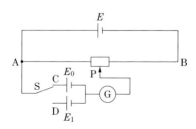

図2・42　電位差計の回路

この 2 式から，$E_1 = \dfrac{R}{R_0} E$ となり，E_1 の値を精確に測定できる．すなわち，検流計とは，電池に電流を流さないようにして，電池の起電力を精密に測定する装置である．

ひずみゲージは，導体または半導体に力を加えたとき生じるひずみを電気抵抗に変換して測定するものである．その詳細は，第 3 章の力の計測で説明する．

● 2　インダクタンスによる変換

導線に電流を流すと，アンペアの右ネジの法則によって，電流方向に対して右回りの磁力線が発生する．このとき，導体と交差する方向へ磁束が変化し，導体に起電力が誘導される．導線を巻き，この電磁作用を誘発するようにつくられたのがコイルであり，導線の巻数や大きさにより作用の大小が決まる．この誘導係数を**インダクタンス**という．

導体に電流を流すと，レンツの法則によって，磁束変化を打ち消す方向に起電力が誘導される．この時の誘導係数は**自己インダクタンス**とよばれ，電流の流れを妨げる抵抗としてはたらく．

トランスのように接近した 2 つのコイルがある場合には，一方のコイルの電流変化によってもう一方に起電力が誘導される．これを相互誘導作用といい，この時の誘導係数を**相互インダクタンス**という．

インダクタンスの単位は H（ヘンリー）であり，1 H とは，毎秒 1 A の割合で電流が変化するときに，コイルに発生する**自己誘導起電力**が 1 V であるような自己インダクタンスの大きさである．自己誘導起電力 V 〔V〕は，コイルに流れる電流の時間変化 $\dfrac{\Delta I}{\Delta t}$ に比例するので，比例定数を L とおくと，次式で表される．この式でマイナスは，電流の変化を妨げる向きであることを示している．

$$V = -L \frac{\Delta I}{\Delta t} \text{〔V〕}$$

インダクタンスの変化を取り出す装置には，次の 2 種類がある．

可動鉄片式は，コイル内の鉄心を移動させることで，インダクタンスを変化させるものである（**図 2・43**）．

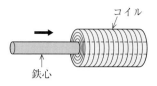

図2・43 可動鉄片式

差動変圧式は，3つのコイルを並べて，2つのコイルにはたらく自己インダクタンスのほかに，それぞれのコイル間にはたらく相互インダクタンスを変化させ，二次側の電圧を変化させるものである．

この原理を利用したものに，$0.5\,\mu\mathrm{m} \sim 2.0\,\mu\mathrm{m}$ 程度の精度で測定できる**差動変圧式電気マイクロメータ**がある（**図 2・44**）．検出器は，測定物の機械的な変位量を測定子の動きとしてとらえ，内蔵の差動変圧器（差動トランス）により電気量に変換する．

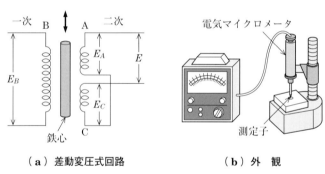

（a）差動変圧式回路　　　　（b）外　観

図2・44 差動変圧式電気マイクロメータ

トランスは電圧の上げ下げを容易に行うことができるため，幅広く活用されている．私たちの身のまわりの電気で交流が多く使用されているのも，トランスのはたらきによることが多い．

2-3 長さの測定誤差

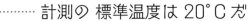

計測の 標準温度は 20°Cだ

① 金属は温度の変化で伸び縮みするため，熱膨張による誤差を生じる．
② 弾性変形やヒステリシス差などによる誤差もある．

❶ 熱膨張による誤差

標準尺や測定物を構成する材料（主に金属）は，温度の変化によって，若干の伸び縮みをする．そのため，測定は**標準温度 20°C** の恒温室で行うことが定められている．しかし，何らかの理由で，標準尺や測定物の温度が標準温度でないときには，次式（**図 2・45**）で補正を行う．

$$l_s \fallingdotseq l\{1 + \alpha_s(t_s - t_0) - \alpha(t - t_0)\}$$

α_s：標準尺の線膨張係数 [°C^{-1}]　　　t_s：標準尺の温度 [°C]
α：測定物の線膨張係数 [°C^{-1}]　　　t：測定物の温度 [°C]
t_0：標準温度（20°C，23°C，25°C など）
l：測定物の t [°C] における長さ

図 2・45

標準温度でない測定でも，材料の線膨張係数が等しい場合，同一温度で測定を行えば，温度による誤差は生じない．そのため，計測器に付属する標準尺は，できるだけ測定物と同じ線膨張係数の材料がよい．

鋼の線膨張係数は $\alpha = 11.5 \times 10^{-6}$°C^{-1} なので，1 m の鋼は温度が 1°C 上昇すると，11.5 μm 伸びることになる．

❷ 弾性変形による誤差

標準尺や測定物を構成する材料（主に金属）は弾性変形によって，若干の伸び縮みをする．測定力による近寄り量は，測定子と測定物の接触面積の違いにより，次のように分類される（**図 2・46**）．

● 1　接触ひずみ

　球面の測定体を平らな測定面ではさんで測定するとき，点で接触することになるため，小さな測定力でも測定体には大きな圧力としてはたらくことになる．そのため，接触する2面には部分的に弾性ひずみが生じ，両面が近寄る．ただし，次式が適用できる材質は鋼である．

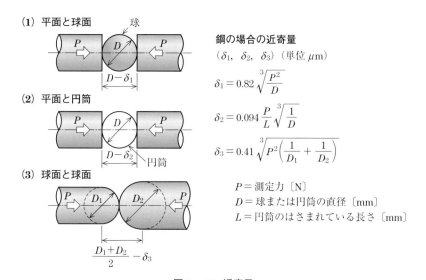

(1) 平面と球面

(2) 平面と円筒

(3) 球面と球面

鋼の場合の近寄量
(δ_1, δ_2, δ_3) （単位 μm）

$$\delta_1 = 0.82 \sqrt[3]{\frac{P^2}{D}}$$

$$\delta_2 = 0.094 \frac{P}{L} \sqrt[3]{\frac{1}{D}}$$

$$\delta_3 = 0.41 \sqrt[3]{P^2 \left(\frac{1}{D_1} + \frac{1}{D_2} \right)}$$

$P =$ 測定力〔N〕
$D =$ 球または円筒の直径〔mm〕
$L =$ 円筒のはさまれている長さ〔mm〕

図2・46　近寄量

● 2　自重による変形

　棒状の物体を2点で支持すると，たわみが生じる．このたわみに関して有効な支持方法には，次の2種類がある．

① ベッセル点

　ベッセル点とは，標準尺のように，中立面上に目盛のある線度器を支持するとき，目盛間の距離の誤差が最小となる支点の位置である（**図2・47**）．ベッセル点は，メートル原器の支持などに利用されている．

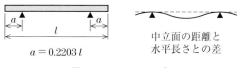

$a = 0.2203\, l$

中立面の距離と
水平長さとの差

図2・47　ベッセル点

② エヤリ点

エヤリ点とは，ブロックゲージのように両端が平行のゲージを水平に支持するとき，両端面が鉛直になる支点の位置である（**図2・48**）．エヤリ点は，長いブロックゲージの支持などに利用されている．

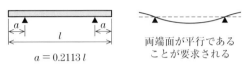

図2・48　エヤリ点

③ ヒステリシス差

ヒステリシス差とは，ある量Xの変化に対して別の量Yの変化が対応しているとき，Xが増加するときのYの関係と，Xが減少するときのYの関係が異なることによる差のことである．

ヒステリシス差を表した曲線を**ヒステリシスループ**という（**図2・49**）．

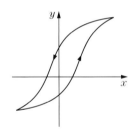

図2・49　ヒステリシスループ

旋盤の送りハンドルなどの計測器で，ねじや歯車を移動させたとき，バックラッシにより行きと戻りにずれが生じる（**図2・50**）．これは正転/逆転時の同一位置での出力差を示す特性でありヒステリシス差の例である．

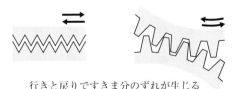

（a）ねじのバックラッシ　（b）歯車のバックラッシ

図2・50　バックラッシ

2つの物体が接触して滑りながら動くときに生じる摩擦を**滑り摩擦**という．静止している物体を動かすには，滑り摩擦より大きな力が必要であるため，ヒステリシス差が生じる．計測器は小さな駆動力で確実に動いたほうがよいため，ヒステリシス差を小さくするために，**ナイフエッジ**や**ピボット軸受**などが用いられる（図 **2・51**）．

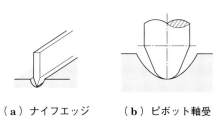

（a）ナイフエッジ　　（b）ピボット軸受

図 2・51

④　視　差

　視差とは，目の位置によって読みとりに生じる誤差のことである（図 **2・52**）．メスシリンダーやマノメータで液位を測定するときには，目を水平にして読むようにする．

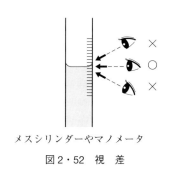

メスシリンダーやマノメータ

図 2・52　視　差

　水などの場合，水面の端が表面張力によって高くなる現象がみられるが，測定では，この部分は無視して，中央部の液位を見る．

章末問題

問題 1 メートルの基準が国際メートル原器から光速基準に変化した理由を述べなさい．

問題 2 表面に刻まれた標線間の距離で長さの基準を示すもの，2 端面間の距離や位置で長さの基準を示すものをそれぞれ何というかを答えなさい．

問題 3 p.21 で示した 103 個組のブロックゲージを用いて，18.725 mm の寸法をつくりなさい．

問題 4 主尺と副尺の組み合わせで目盛を読みとる，代表的な長さの測定器を何というか．

問題 5 ねじを利用して直線変位を回転角に変換して目盛を読みとる長さの測定器を何というか．

問題 6 光波干渉によって平面度を測定するものを何というかを答えなさい．

問題 7 レーザを発生させる四段階についてまとめなさい．

問題 8 長さの光学的計測にレーザが多く用いられている理由を簡潔に述べなさい．

問題 9 現場での測定や検査，品質検査などの精密測定に用いられる，代表的な流体的計測器を何というか．

問題 10 測定を行う標準温度は何 °C に定められているか．

問題 11 接触ひずみの影響を取り除くためにはどのようなことが行われているか．

問題 12 ベッセル点とエアリ点とは何かを述べなさい．

問題 13 ヒステリシス差とは何かについて例をあげて述べなさい．

問題 14 視差が発生しないような正しいマノメータの読みとり位置を図 2・53 のア～ウから選びなさい．

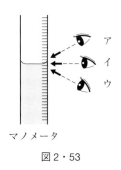

図 2・53

Memo

第3章
質量と力の計測

> 物体の運動を扱う機械工学では，その物体の質量や物体の運動によってはたらく力の計測が重要となる．ここでは，質量と力の違いをきちんと理解することが出発点である．実際の計測については，てんびんやはかり，ひずみゲージの使い方，また関連して動力についても学んでいく．

3-1

質量と力の基準と単位

似ているようで大違いの 質量と力

① 質量の基準は国際キログラム原器で定められており，単位は kg（キログラム）である．
② 力の単位は N（ニュートン）である．

❶ 質量の基準と単位

質量とは，物体がもつ物質の分量であり，力が物体を動かそうとするときに，物体の慣性によって生じる抵抗の度合いを表す量として定義される．質量の基本単位は，kg（キログラム）である．

SI 単位系では，1 kg の物体に 1 m/s^2 の加速度を生じさせる力の大きさを 1 N と定義している．

1889 年に質量の基準は，それまでの「1 辺が 10 cm の立方体の体積の最大密度における蒸留水の質量」から，**国際キログラム原器**（図 3・1）へと変更された．これは，直径，高さとも 39 mm の円柱形としており，白金 90 %，イリジウム 10 % の合金である．現在，人工物によりその単位が定められているのは，質量だけである．また，唯一，k（キロ）という接頭語がついた SI 単位である．

特性ケースに入っている

図 3・1 国際キログラム原器

日本のキログラム原器は No.6 であり，数十年ごとに，国際度量衡局が保管している国際キログラム原器と比較され，その質量値の正確さが確保されている．1991 年に実施された第 3 回の比較では，国際キログラム原器を基準とした日本のキログラム原器の質量変化は，100 年で約 7 µg（髪の毛の約 1 mm 分）というわずかな量であった．この原器は，経済産業省の計量研究所に保管されている．

他の SI 単位が光などの普遍的な物理量に基づく定義に再定義されてきたのに対して，キログラムだけが人工物に依存する単位として残っている．そのため，現在，プランク定義によって再定義することが提案されている．

❷ 力の基準と単位

力の基本単位は，N（ニュートン）である．1 N とは，1 kg の質量の物体に 1 m/s² の加速度を生じさせる力の大きさをいう．また，力と重量〔kg 重〕の間には，次式のような関係がある．

$$1\,\text{N} = 1\,\text{kg}\cdot\text{m/s}^2 \qquad 1\,\text{kg 重} = 9.80665\,\text{N}$$

重量は地球と物体間にはたらく引力の大きさのことであり，これは地球上の各地点で異なった値を示す．国際協定標準値は次のように定められている．

$$g = 9.80665\,\text{m/s}^2$$

また，場所による重力加速度の違いは次のとおりである．

札幌 9.805 m/s²　　仙台 9.801 m/s²　　東京 9.798 m/s²

3-1 質量 60 kg の人が，東京と札幌（図 3・2）で体重測定をした．重量は何ニュートンになるかを求めなさい．

【解答】 重量＝質量×重力加速度より
東京では，重量 60〔kg 重〕＝ 9.798×60 ＝ 587.9 N
札幌では，重量 60〔kg 重〕＝ 9.805×60 ＝ 588.3 N

図 3・2

このように，同じ 60 kg 重であっても，場所による重力加速度の違いを考慮すると N（ニュートン）では異なる値になる．体重をそれほど精密に測定する必要はないと思うが，科学技術の精密測定では，この差は影響するので，〔kg 重〕は用いないほうがよい．なお，月面上では重力加速度が地球上の約 6 分の 1 であるため，1 kg は 1×1/6 ＝ 0.167 kg 重 ＝ 1.63 N となる．また，重力加速度 $g =$ 9.80665 m/s² の何倍の重力がはたらいているかを G（ジー）で表すことがある．例えば，F1 ドライバーがカーブを曲がるときには，4～5 G の重力を受けているなどと表す．

3-2

質量の計測

> 計るなら 天びんとはかりは どちらが正確？

Point
1. 天びんは，ばねばかりより精度よく，質量を計測できる．
2. 工業用はかりは，精度がよく，自動計測のために用いられる．

❶ 質量の測り方

質量を測るには，大きく分けて2つの方法がある．1つは，分銅などを用いて，すでにわかっている量と直接つり合わせて比較する**零位法**である（図3・3 (a)）．もう1つは，質量をそれに比例する他の物理量に変換して，間接的に比較する**偏位法**である（図3・3 (b)）．

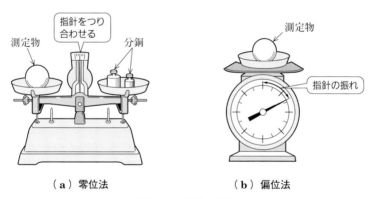

(a) 零位法　　　　　　　(b) 偏位法

図3・3　質量の測定

❷ 天びん

天びんは，測定物と分銅をつり合わせて直接的に質量を測定するものであり，はかりの中では最も精度がよい（図3・4）．天びんの歴史は古く，古代文明ができた頃からあった．単純な構造であるが，非常に精度がよいので，現代の精密測定でも多くの場面で使用されている．

天びんは，分銅を取り替えながらバランスをとる必要があるため，どうしても

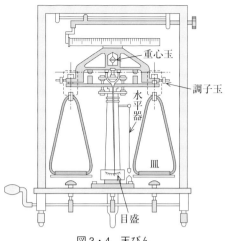

図3・4　天びん

測定に手間がかかってしまうという短所がある．

天びんで精密な測定をするときには，測定物と分銅を互いに左右の皿に交換して2回測定することにより，誤差を取り除く**二重秤量法**がとられる．

次に，天びんによる測定方法を示す．

図3・5の左の皿に，質量Mの物体を載せたとき，質量M_1の分銅とつり合ったときには

$$Mgl_1 = M_1 gl_2$$

次に右の皿に物体を載せて，質量M_2の分銅とつり合ったときには

$$M_2 gl_1 = Mgl_2$$

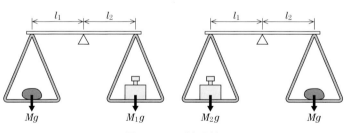

図3・5　二重秤量法

ゆえに，$M = \sqrt{M_1 M_2}$

よって，M_1 と M_2 の差がきわめて小さいときには

$$\sqrt{M_1 M_2} = \sqrt{\left(\frac{M_1+M_2}{2}\right)^2 - \left(\frac{M_1-M_2}{2}\right)^2} \doteqdot \frac{M_1+M_2}{2}$$

であるから，$M = \dfrac{M_1+M_2}{2}$ としてよい．

❸ 台ばかり

台ばかりは，V字形とY字形のてこを組み合わせて測定を行うものである（図3・6）．トラックなどに貨物を搭載したまま質量を測定する**トラックスケール**は，大型の台ばかりである（図3・7）．これは，もちろんトラックと同じ質量のおもりをつり合わせているのではなく，何段にも組み合わせたてこにより，小さなおもりで大きなものが測定できるようになったのである．

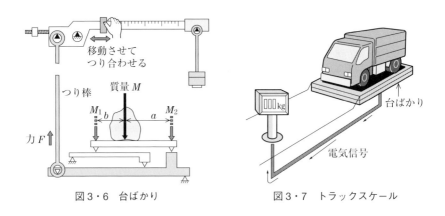

図3・6　台ばかり　　　　　図3・7　トラックスケール

❹ ばねばかり

ばねばかりは，ばねを用いて質量を重力による変位に変換して測定するものである．ばねばかりの目盛は，重力加速度の大きさが場所ごとに異なるため，厳密には質量ではなく，重量を指し示していることになる．

すなわち，重量は重力加速度の大きさが $g = 9.80665 \text{ m/s}^2$ の場所では質量と数値は等しいが，重力加速度の大きさが標準とは異なる場所では，$g/9.80665$ 倍と

なり，場所によって値が異なる．そのため，ばねばかりはてんびんほどの精度は出せないのである．

ダイヤモンドなどの宝石の質量を表すカラットという単位は 200 mg に相当するが，現在でもダイヤモンド市場では精密な測定ができるように，ばねばかりなどではなく天びんが使用されているという．

それでも，それほど精度に問題がないような測定においては，手軽さもあり，ばねばかりが用いられることが多い．

図 3・8　ばねばかり

上皿ばねばかりは，上皿に加わった荷重でばねに伸びを与え，それを指針の動きに変換したものである（**図 3・9**）．

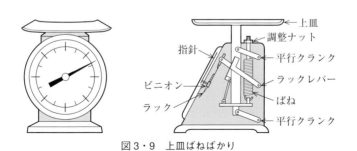

図 3・9　上皿ばねばかり

❺ 工業用はかり

コンベヤスケールは，ベルトコンベヤに取り付けられたはかりで，流れてくる原料などの荷重を計測し，自動的に計量を行うものである（**図 3·10**）．AD 変換により，原料の流れの変化をきめ細かにすばやくとらえることができ，用途に応じて，さまざまな配置ができる．鉄鋼，化学，食品，環境，リサイクル分野などで幅広く利用されている．

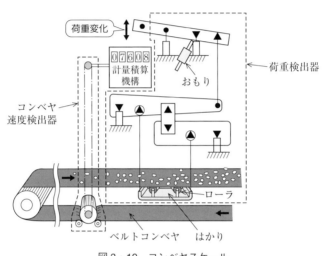

図 3·10　コンベヤスケール

ホッパースケールは，粉状や粒状の原料などが投入された容器にかかる荷重を計測し，自動的に計量を行うものである（**図 3·11**）．このように，工業用はかりは精度だけでなく，自動計測のためにも使用されている．また，これらの自動計測は，機械式のはかりに用いられるだけでなく，後述するロードセルなどを用いて計測で得られた値を電気信号に変換し，自動計測システムに組み込まれることが多い．

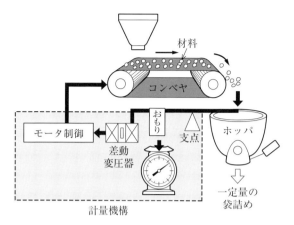

図 3・11　ホッパースケール

COLUMN　国際度量衡総会（CGPM）

　メートル条約に基づき，世界で用いられる単位系を維持するため，加盟国が参加して 4 年に一度，パリで国際度量衡総会が開催されている．

　1889 年に開催された第 1 回総会では，国際キログラム原器や国際メートル原器などが承認された．その後もさまざまな単位系が定義，および再定義されている．

　近年，動向が注目されているのがキログラムの再定義である．2011 年の総会で提案されたものの，その後，精度が不十分などの理由で延期されており，2018 年の総会でさらに議論される予定である．

　なお，CGPM はフランス語の Conférence générale des poids et mesures の頭字語である．

3-3 力の計測

ひずみゲージは ペタペタ貼って 応力測定

① 力の計測には，弾性検査器やひずみゲージがよく使用される．
② ひずみゲージは電気回路で理解する．

① 弾性検査器

弾性検査器は，環状の弾性体の変形量をダイヤルゲージで測定して力を求めるものである（図3・12）．このとき，弾性体の変形量とダイヤルゲージの荷重との関係は，あらかじめ求めておく．弾性検査器は，装置の取り扱いが簡単で精度もよいため，幅広く使用されている．しかし，大きな荷重の測定には，大きな装置が必要となるので不向きである．

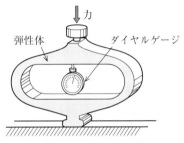

図3・12 弾性検査器

② ひずみゲージ

ひずみゲージは，導体または半導体に力を加えたときに生じるひずみを電気抵抗に変換して測定するものである（図3・13）．ひずみは長さの変化量のことであるから，フックの法則により，ひずみ量にその材料の弾性係数をかけることにより，応力（単位面積あたりにはたらく力）を求めることができる．

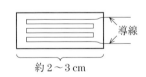

図3・13 ひずみゲージ

ひずみゲージによるひずみの測定原理は次のように説明できる．

抵抗線の抵抗 R〔Ω〕は，抵抗率 ρ〔Ω・m〕，断面積 A〔m²〕，長さ l〔m〕を用いると次式で表される．なお，ひずみゲージの抵抗値は一般に120Ωである．

$$R = \rho \frac{l}{A} \text{〔Ω〕}$$

次にこの抵抗線に力が加わり，長さが Δl だけ伸びると，このとき抵抗の値 ΔR も変化する．このときの関係は材料力学により次のように説明される．

$$\frac{\Delta R}{R} = K \frac{\Delta l}{l} = K \cdot \varepsilon$$

ここで $\Delta l / l$ はひずみであり，これを ε で表す．また，K は**ゲージ率**といい，ひずみゲージの感度を表している．一般的に金属性のひずみゲージのゲージ率は約 2～3 であり，微小ひずみの計測に用いられる半導体ひずみゲージのゲージ率は 100～150 程度である．

3-2 試験片にひずみゲージを貼り付けて引張荷重を加えたとき，$150\,\mu\mathrm{m}$ のひずみが生じた（**図3·14**）．ひずみゲージの抵抗値を $120\,\Omega$，ゲージ率を 2 としたとき，抵抗の変化は何〔Ω〕になるかを求めなさい．

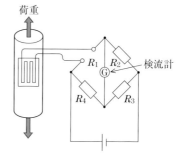

図3·14 ブリッジ回路

【解答】 ゲージ率 $K = 2$，ひずみ $\varepsilon = 150\,\mu\mathrm{m}$，抵抗値 $= 120\,\Omega$

$\Delta R / R = K \cdot \varepsilon$ より

$\Delta R = K \cdot \varepsilon \cdot R$ 　　ΔR を求めればよい．

上式に，ゲージ率 $K = 2$，ひずみ $\varepsilon = 150\,\mu\mathrm{m}$，抵抗値 $= 120\,\Omega$ を代入すると

$$\Delta R = 2 \times 150 \times 10^{-6} \times 120 = 0.036\,\Omega$$

図3·14 において，ひずみ測定にはホイートストン・ブリッジという電気回路が用いられている．この回路では，ひずみが発生していない．$\Delta R = 0$ のとき，$R_1 R_3 = R_2 R_4$ が成り立っており，このときはブリッジの検流計の出力も 0 である．荷重が加わってひずみが発生すると，ひずみゲージの抵抗が R_1 から $R_1 + \Delta R_1$ に変化すると，これに応じて検流計の出力も変化する．

3-4 動力の計測

………… 動力は 馬の力が はじまりでした

① 動力は単位時間あたりに行う仕事のことであり、単位はワット〔W〕である．
② 動力計には、プロニー動力計や水動力計などがある．

① 動力の定義と単位

動力は、単位時間あたりに行う仕事（エネルギー）のことであり、**仕事率**ともいう．そのため、力、変位および時間を測定できれば動力を求めることができる．SI単位系では、仕事の単位はジュール〔J〕であり、1〔J〕＝1〔N・m〕である．動力の単位はワット〔W〕であり、1〔W〕＝1〔J/s〕である．また、動力の単位には仏馬力〔PS〕も用いられることがある．1〔PS〕＝735.5〔W〕である．

機械の動力 P〔W〕は回転速度 n〔min^{-1}〕とトルク T〔N・m〕を用いて、次式で表される．そのため、動力の計測は、この両者を別々に測定し、両者の積から求めることができる．

$$P = \frac{2\pi}{60} \cdot nT \text{〔W〕}$$

よって、動力計とはトルクを測定する装置であるといえる．

② 吸収動力計

吸収動力計は、動力を摩擦や水、空気などの流体の抵抗とつり合わせて測定するものである．ここでは、摩擦を利用する**プロニー動力計**と水を利用する**水動力計**を説明する．

プロニー動力計は、機械的な摩擦によって動力を熱に変換して吸収するものである（図3・15）．原動機の軸に取り付けられたベルト車などの

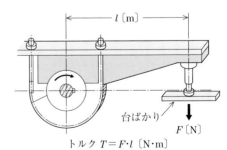

トルク $T = F \cdot l$〔N・m〕

図3・15 プロニー動力計

回転を木片のブレーキで締め付け，両者が一体となった腕を台ばかりで受け止めることで力を測定し，この力と腕の長さの積からトルクを求めるのである．構造が簡単であるため，よく使用されるが，大動力用には適さない．

水動力計は，水中で回転板を回転させるときに生じる抵抗を利用した動力計である．その原理は，数枚の円板を水の入ったケーシング中で回転させ，円板と水の摩擦抵抗で動力を吸収する．トルクの測定は，プロニー動力計と同じく，ケーシングから出た腕にはたらく力と腕の長さの積による．回転円板やケーシングに突起を設けて，低速での動力吸収性能を向上させたものに**ユンカース水動力計**がある（図 3・16）．

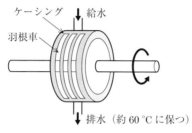

図 3・16　ユンカース動力計

❸ 伝達動力計

伝達動力計は，軸に取り付けた測定器により回転中の伝達トルクを測定するものである．例として**ねじり動力計**があり，軸の相対ねじれを機械的，光学的，電気的なさまざまな方法により測定している（図 3・17）．

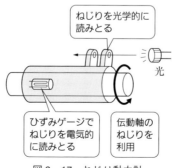

図 3・17　ねじり動力計

章末問題

問題 1 質量の単位と力の単位を述べなさい.

問題 2 質量の基準は何によって定められているかを述べなさい.

問題 3 1〔N〕とは何かを説明しなさい.

問題 4 質量の計測において,天びんとばねばかりはどちらが正確な測定ができるかを述べなさい.

問題 5 工業用はかりを2つあげなさい.

問題 6 ひずみゲージによる力の計測の原理を述べなさい.

問題 7 動力の定義と単位を述べなさい.

問題 8 回転速度 n〔$\min^{-1}$〕とトルク T〔N·m〕から動力 P を求める式を述べなさい.

問題 9 動力計とはどんな物理量を測定する装置であるか.

問題 10 機械的な摩擦によって動力を熱に変換して吸収する動力計を何というか.

第4章

圧力の計測

　機械工学では，単なる力だけではなく，その力がどくらいの面積にはたらいているのかを知りたいことが多い．自然界にある大きな力の大気圧や水圧なども，圧力という単位で扱われている．ここでは，主に流体に関する圧力を取りあげて，圧力の計測について学んでいく．また，大気圧より低い空間の状態である真空についても扱う．

4-1

圧力の定義と単位

…………… 圧力は 工学支える 大事な物理量

❶ 圧力の単位はパスカルである．
❷ 圧力には，絶対圧とゲージ圧がある．

❶ 圧力の定義と単位

単位面積あたりにはたらく力を**圧力**という．圧力の単位には**パスカル**〔Pa〕が使用されることが多い．ここで，1 Pa とは $1\,\mathrm{N/m^2}$ のことである．

圧力の測定は，力の測定と似ている部分が多いが，対象が流体であることが多いため，圧力計はそれらに対応したものとなっている．A〔$\mathrm{m^2}$〕の面積に F〔N〕の力がはたらいたときの圧力 p〔Pa〕は次式で表される．

$$p = \frac{F}{A} \ \text{〔Pa〕}$$

圧力には，絶対真空を基準とした**絶対圧**と大気圧を基準とした**ゲージ圧**とがある（図 4・1）．

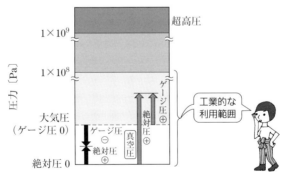

図 4・1　圧力の単位

❷ いろいろな圧力

私たちの身のまわりには，大気圧，水圧などが存在している．また，私たちが

第 4 章　圧力の計測

生み出す機械もこれらに囲まれて動いている．いくら技術が進歩しても，人間が大気圧や水圧などの自然界の大きな力に逆らうことはできない．そのため，これらの力をきちんと理解しておく必要がある．

① 大気圧

大気を構成する空気は物質であるため，質量をもっている．**大気圧**とは，地球の表面を覆っている空気が及ぼす力のことであり，私たちは普段は意識していないが，$1\,\text{cm}^2$ あたり，約 $1\,\text{kg}$ 重の大気圧がはたらいている．なお，高所ほど単位面積あたりの空気柱の高さが低くなるので大気圧は小さくなる（**図4・2**）．

上空でも翼には大気圧がはたらいている

図4・2　大気圧

大気圧は大きな圧力であるが，地上にいる人間が押しつぶされることはない．これは，体の内外で圧力の差がないためである．

なお，大気圧の国際標準として標準大気圧が $101.3\,\text{kPa}$ と定められている．

② 水　圧

水圧とは，水中にある物体が水から受ける圧力のことである．水中で1メートル沈むごとに水圧は約1トンずつ増えていくため深海1万メートルでは $1\,\text{m}^2$ に1万トンもの力がはたらくことになる（**図4・3**）．

深海には大きな圧力がはたらいているが，深海魚が押しつぶされないのは，内側からも同じ圧力で押し返されているためである．呼吸するときに，えらから酸素をとる魚は水圧に強いが，人間は肺で呼吸するので，酸素が集められなくなる．一部の深海生物の細胞や組織は圧力による変性が起きにくい構造になっている．

潜水艦には大きな水圧がはたらいている

図4・3　水　圧

4-2 圧力の計測

圧力は 差が出てくると 見えてくる

① 液柱式圧力計は，比較的小さな圧力の測定に使用される．
② 弾性式圧力計は，比較的大きな圧力の測定に使用される．

1 液柱式圧力計

① U字管マノメータ

液柱式圧力計は，液柱にはたらく重力を圧力とつり合わせて測定する圧力計であり，**U字管マノメータ**はその代表である．ガラス管に液体（多くの場合は水）を入れるだけの簡単な構造であるため，幅広く利用されているが，測定できる圧力は約 70 kPa 以下と小さく，時間的に圧力の変化が大きい測定には向いていない．

図 4・4 (a) において，管内には大気圧 p_0〔Pa〕が加わっており，断面 A-A′ での圧力はつり合っている．次に管内の圧力が p_0〔Pa〕から p〔Pa〕に上昇すると，管内の流体が図 4・4 (b) のように移動する．このとき，断面 B-B′ における圧力は等しいから，$p_B = p_{B'}$〔Pa〕が成立する．

$$p_B = p + \rho g h$$
$$p_{B'} = p_0 + \rho' g h' \quad 〔Pa〕$$

ゆえに，$p + \rho g h = p_0 + \rho' g h'$ より

$$p = p_0 + g(\rho' h' - \rho h) \quad 〔Pa〕$$

ここで，管内の圧力 p〔Pa〕をゲージ圧 p_g〔Pa〕で表すと，

$p_g = p - p_0$ の関係より，
$$p_g = g(\rho' h' - \rho h) \quad 〔Pa〕$$

よって，流体の密度 ρ，ρ'〔kg/m³〕と液柱の高さ h，h'〔m〕がわかれば，管内の圧力を測定できることになる．

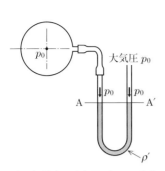
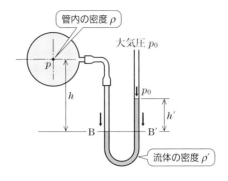

（a）管内の大気圧が p_0 のとき　　（b）管内の大気圧が p_0 から p に上昇したとき

図 4・4　U 字管マノメータ

② 傾斜圧力計

U 字管マノメータを傾けて利用したものが**傾斜圧力計**であり，傾斜の分だけ圧力を拡大して測定できる（**図 4・5**）．

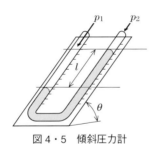

図 4・5　傾斜圧力計

③ 箱形圧力計

U 字管マノメータの一方の液面を大きくしたものが**箱形圧力計**であり，基準面に対して，一方の液面を測定すればよいという特徴がある（**図 4・6**）．

また，細いマノメータを複数並べたものもある．

液柱式圧力計の液体には，水銀が多く用いられてきた．これは，常温で液体の金属である水銀が，約 76 cm で 1 気圧を表すことができるためである．同じ 1 気圧を水柱で表そうとすると約 10 m もの高さが必要になってしまう．しかし，この圧力計では，まちがって片方から高い圧力をかけると有毒な水銀を吹き飛ばしてしまうなど，取り扱いに注意が必要なため，水銀を用いる機会は減少している．

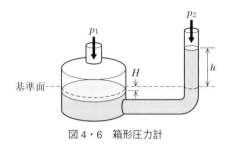

図4・6　箱形圧力計

❷ 弾性式圧力計

① ブルドン管式圧力計

弾性式圧力計は，流体の圧力を弾性変形による応力とつり合わせて測定する圧力計であり，**ブルドン管式圧力計**はその代表である（**図4・7**）．その構造は，楕円形断面のブルドン管を円弧状に曲げて一端を固定し，流体を流し込んだときの曲管の曲率半径を指示させるというものである．工業用としては溶接のボンベなど，高圧容器などに幅広く利用されており，測定範囲は約 200 MPa と幅広い．

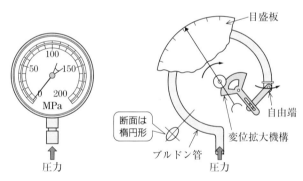

図4・7　ブルドン管式圧力計

② ダイヤフラム式圧力計

ダイヤフラム式圧力計は，細い波状をしたダイヤフラムとよばれる金属板の周囲を密着させて圧力を測定する圧力計である（**図4・8**）．使用範囲は約 3 MPa と，ブルドン管圧力計より小さいが，高粘度流体の圧力測定にも適している．

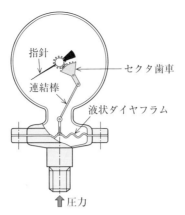

図 4・8　ダイヤフラム式圧力計

③　ベローズ式圧力計

ベローズ式圧力計は，細いちょうちんのような波形にしたベローズとよばれる金属を変形させて圧力を測定する圧力計である（**図 4・9**）．使用範囲は約 1 MPa と，ブルドン管圧力計より小さいが，伸縮性や気密性に優れている．

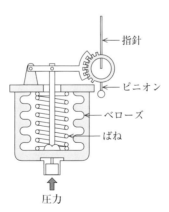

図 4・9　ベローズ式圧力計

4-3 真空の計測

真空は何にもないのではない？

❶ 真空は大気圧より低い空間の状態をいう．
❷ 真空計には，液柱差真空計やマクラウド真空計などがある．

❶ 真空とは

真空とは，大気圧より低い空間の状態であるとJISでは規定されている．そのため，まったく空気がない絶対真空を表しているわけではない．大気圧と絶対真空の間は圧力に応じて，大気圧から1 000分の1気圧までを低真空，さらに100万分の1気圧までを中真空，100億分の1気圧までを高真空，10兆分の1気圧までを超高真空，それ以上を極高真空という．

真空計は，全圧真空計と分圧真空計に分けられる．全圧真空計は，気体の種類を問わず全体の圧力を測定する真空計である．これに対して分圧真空計は，気体の種類別に圧力を測定する．したがって，圧力計というよりむしろ分析計である．

全圧真空計は，さらに絶対真空計とその他の真空計に分けられる．絶対真空計とは，JIS Z 8126によると，「物理量の測定だけから圧力が求められる真空計」と定義されている．

1 kPa以下の圧力を測定するときには，真空専用の圧力計を使用しないと精度を出すことができない．

その他の真空計には，気体の熱伝導を利用するもの，気体の粘性を利用するもの，気体の電離作用を利用するものなどがある．

❷ 真空の計測

① 液柱差真空計

液柱差真空計は，液柱式圧力計と同じであるが，水銀上にある空気を大気に開放せず真空に吸引するか，片側を封止している（**図4・10**）．このとき中央のガラス管の上部にトリチェリの真空が発生する．使用する液体には，水銀もしくは油を使用する．この真空計は原理的に簡単だが，感度が低いので高真空用には適用

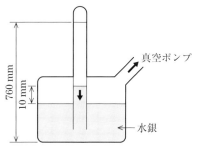

真空度を表す単位に Torr（トール）がある．133.32 Pa ＝ 1 Torr であるが，Pa は Torr の 1/100 であると考えておくとよい．
10^{-4} Pa ≒ 10^{-6} Torr

図 4・10　液柱差真空計

できない．

② マクラウド真空計

マクラウド真空計は，原理的には液柱差式と同じだが，測定対象の気体の体積を 100 〜 1 000 分の 1 に圧縮して測定する（**図 4・11**）．すなわち圧力を 100 〜 1 000 倍にして感度を上げるのである．気体を圧縮するには，まず圧縮部に気体を導入し，次に水銀を下から圧縮部に押し上げ，気体を細管部に送り込む．この状態で左右の水銀柱の差を読んで圧力を求める．水銀を押し上げるには，空気圧による方法と，ゴム管でつないだ水銀だめの位置を変える方法があるが，後者は水銀が汚れる欠点がある．

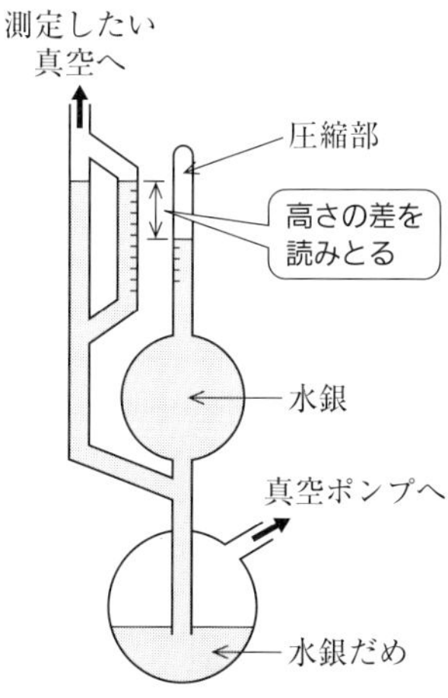

図 4・11　マクラウド真空計

マクラウド真空計は，手動で操作し目視で圧力を測定するのであまり便利ではないが，絶対圧力計としてほかの真空計の校正に使用されている．測定範囲は 10^3 〜 10^{-2} Pa 程度である．

真空の主な応用は，産業として見た場合は半導体・電子部品向けの薄膜形成・加工装置が金額的に大部分を占めている．また，身近な例では CD や DVD も，真空を利用して形成した薄膜による製品である．

章末問題

問題 1 絶対圧とゲージ圧の違いを述べなさい．

問題 2 標準1.0気圧は何〔kPa〕か．

問題 3 ゲージ圧 0.5 MPa を絶対圧〔MPa〕で表しなさい．

問題 4 水面下 10 m における圧力を求めなさい．ただし，水の密度を $1\,000\ \mathrm{kg/m^3}$，重力加速度を $9.8\ \mathrm{m/s^2}$ とする．

問題 5 液柱式圧力計と弾性式圧力計では，どちらが高圧を計測することができるか．

問題 6 細い波状の金属板を用いて，圧力を計測する弾性式圧力計を何というか．

問題 7 細いちょうちんのような金属を用いて，圧力を計測する弾性式圧力計を何というか．

問題 8 JIS において，真空とはどのような状態と規定されているか．

問題 9 原理的には液柱差式と同じだが，測定対象の気体の体積を $100\sim1\,000$ 分の 1 に圧縮，すなわち圧力を $100\sim1\,000$ 倍にして感度を上げる真空計を何というか．

問題 10 真空は，工業的にどのようなことに応用されているか．

第 5 章
時間と回転速度の計測

　さまざまな物体の運動を把握するためには，時間の計測が不可欠である．また，特に機械の運動は，車軸など回転運動で表されることが多い．そのため，単位時間あたりの回転数である回転速度で表されることが多い．時間の計測は長さの計測と結びつけることで，速度や加速度などとも密接に関係してくる．本章では，時間と回転速度の計測について学んでいく．

5-1 時間の計測

時計では いろんな運動 刻々記録

① 時の流れのある瞬間を時刻，時刻と時刻との区分を時間という．
② 時計には，日時計，水時計から機械式時計，電波時計など，さまざまな種類がある．

❶ 時間の基準と単位

まずはじめに時刻と時間を区別しておく．**時刻**とは刻々と進行していく時の流れのある瞬間のこと，**時間**とは何時何分何秒という時刻と時刻との区分のことである．

時間のSI単位は秒〔s〕である．時間の基準には，古くから太陽の周期が用いられてきた．すなわち，「太陽が真南に来た時から，次に真南に来るまでの時間を測って1日（1太陽日）とする」というものである．これに伴い，1日の長さが決まればそれを24等分すると1時間が決まり，1時間を60等分すると1分が決まり，1分を60等分すると1秒が決まるのである．太陽時は日常生活を送るうえで重要な時刻系として使われてきた．しかし，正確に測定すると，地球の自転速度はいろいろな要因で変化することがわかってきた．

そのため，1967（昭和42）年に時間の定義の基準はそれまでの地球の運動から，原子の振動へと変更された．現在1秒は「セシウム原子の基底状態の2つの超微細準位間の遷移における放射の9 192 631 770周期の継続時間」と定義されている．すなわち，1秒の基準であるセシウムの共鳴周波数が，9 192 631 770 Hzということである（図5・1）．

すべての原子は，固有の共鳴周波数をもっており，各原子は，この共鳴周波数

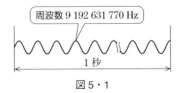

図5・1

のマイクロ波だけを吸収したり放出したりしている．この周波数にぴったり合ったマイクロ波を浴びたときだけ，セシウム原子のエネルギー状態がわずかながら高くなる．これを励起という．

　すなわち，**原子時計**（正式名称は原子周波数標準器）とは，マイクロ波の周波数を確認することで，1秒の長さを決めるものである．そのため，原子時計に文字盤はない．

　一方時刻は，現在も地球の運動をもとに決められている．しかし，地球の運動は一定ではないため，1日ごとの時間は日々微妙に異なる．

　これでは，原子時と地球の運動によって決められた時間には，ずれが生じてしまう．このずれを補正するために「うるう年」と同じような，「うるう秒」があり，ずれが大きくなったときに設定し直している．

　原子時は世界中の原子時計を平均してつくられている．そして，その1秒が定義どおりかどうかをチェックする，とても正確な原子時計を「一次標準器」という．

　日本標準時は，東経135度に位置する明石天文台であり，ここが**日本標準時**とされている（**図5・2**）．これは，東経135度の真上に太陽が来たときが正午だと決められたからである．

　日本標準時は，恒星の子午線観測から決定され，日本では東京天文台との協同で，東京都小金井市の情報通信研究機構から報時信号として発信されている．ここに設置された10台の原子時計は，気温，湿度，気圧はもちろん，地磁気にも影響されない部屋で運用されている．

図5・2　日本標準時

5-1　時間の計測

❷ 時　計

時計は，時間を計る道具である．時計に用いられる原理には，次の2つがある．
・物理的な法則による連続変化
・安定した周期運動

① 日時計

日時計は，太陽の動きを利用して時刻を測定するものであり，日の出と日の入りの間を6または12等分し，日影棒の影が落ちた位置で時刻を知る（**図5・3**）．日の出，日の入りは季節によって変化するので，等分された一刻の長さは，夏は長く，冬は短くなる．このように季節や場所によって一刻の長さが変化する測り方を**不定時法**という．これに対して，1日を均等に24等分する測り方を**定時法**という．

図5・3　日時計

② 水時計

水時計は，水を利用して時間を測定するものである（**図5・4**）．日時計と同じくらい古い歴史をもち，夜でも雨でも利用できるという特徴がある．その測定法には，流量の変化を考えずに水が容器いっぱいになるまでの時間を1単位時計とする方法と，流量が常に一定になる工夫をして，等間隔に目盛りを付けた容器にたまった水の量により時間を測定する方法がある．

図5・4　水時計

③ 機械式としての振り子時計

機械式の振り子時計ができるためには，まず**振り子の等時性**が発見される必要があった．これは，振り子が1往復する時間である周期は，振り子の振幅には関係しないというものである．これは，1583年にイタリアのガリレオ・ガリレイによって発見された．

振り子の長さを l 〔m〕，重力加速度を g 〔m/s²〕とすると，振り子の周期 T 〔s〕は次式で表される．

$$T = 2\pi \sqrt{\frac{l}{g}} \ [\text{s}]$$

ただし，この等時性は振幅が小さいときには，成立するのだが，振幅が大きくなると誤差が生じてしまい，成立しなくなる（**図5・5**）．

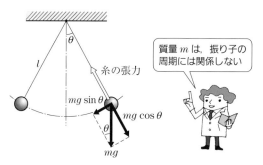

図5・5　振り子の等時性

1658年にオランダのホイヘンスは，初めての振り子時計を考案した．彼は振り子のひもの両側に曲げた板をつけて，振り子がそれに当たることで，振り子が大きく振れたときでも，1往復する時間が同じになるようにしたのである（**図5・6**）．

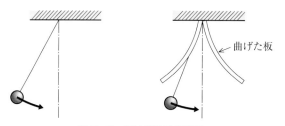

図5・6　振り子時計の原理

この仕組みが完成されたことで，時計の精度はそれまでと比べものにならないほど上がり，これ以降，機械式時計が発展していくことになった．

振り子の等時性を利用して，一定速度で歯車が回転するためには**脱進機**が用いられる（**図5・7**）．脱進機は，ゼンマイの動力で回転を続けるために，ガンギ車というギザギザの歯車や，振り子と連動して動く爪などで構成されている．

図5・7 振り子と脱進機

　振り子のしくみを小さくコンパクトにしたものが**テンプ**である（**図5・8**）．テンプは，ヒゲゼンマイというばねの伸縮によって，振り子のように一定周期で回転運動を続けるものである．

　そして，一定速度で歯車が回転する脱進機，重力の影響を受けない小型のテンプを組み合わせることで，時計の精度はさらに向上した（**図5・9**）．

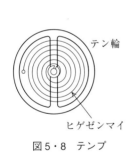

図5・8　テンプ　　　　　図5・9　脱進機とテンプ

④　電子式としての水晶時計

　現在，ほとんどの時計は動力に電気，発振調整装置に水晶振動子を使った**水晶時計**（クオーツ）である．水晶時計は，アメリカのベル研究所で1930年に発明された．すなわち，水晶片の両面に銅版を張り，この銅版を銅線でつないで，水晶片に圧縮力をかけたり外したりすると，銅線の電流が流れる．逆に銅線に高周波電流を与えると水晶片は圧縮，膨張の繰り返しの振動を起こす．この振動数は水晶片の形状により一定であり安定している．例えば水晶振動子が32 768回振

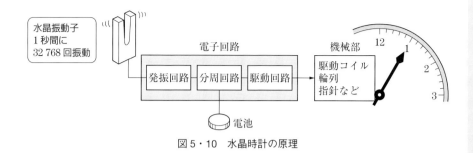

図5・10 水晶時計の原理

動すると1秒,という具合いである(**図5・10**).

⑤ 原子時計を利用した電波時計

電波時計は,時間情報がある標準電波を時計に内蔵された高性能のアンテナで受信して,誤差を自動修正する機能をもつ時計のことである.

日本での標準電波の発信基地(電波送信所)は,情報通信研究機構(東京都小金井市)にある原子時計によってつくられた日本標準時と遠隔制御で連動している福島県田村市都路町(おおたかどや山)と佐賀県佐賀郡富士町(はがね山)の2か所である(**図5・11**).

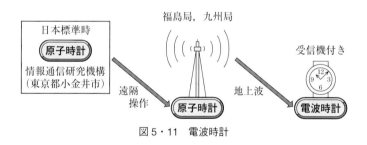

図5・11 電波時計

❸ ストップウォッチ

実験などで時間を測定するために用いられるのは**ストップウォッチ**である.一般的なものは,100分の1秒までのタイムを計ることができる.また,測定結果やラップタイムを記憶できるものや,プリンターと接続できるものなど,その機能はいろいろある.

ストップウォッチは,人間の指でスタートとストップのボタンを押すことで測

定が行われる．そのため，個人の熟練度により，人的な誤差が発生することがある．誤差を少しでも減らす方法の1つとして，押しボタンから指を離さないようにして，接触させておくようにするとよい（図5・12）．

　なお，陸上競技などのスポーツでも，より正確な時間計測が求められている．オリンピックなど公式な競技会では，手動によるストップウォッチを用いた測定でなく，スターターのピストル音と連動した電子式の時間計測が行われている．また，トラック競技の着順の判定に必要かつ大切な役割を担っているものとして，写真判定装置がある．これは，わずか数ミリ以下の幅を最大2 000コマ/秒の高速で撮影できるCCDカメラを活用して，選手たちがフィニッシュする一瞬を録画し，フィニッシュラインの線上だけを連続して記録した画像をモニター画面に表示するというものである．陸上競技の公認記録は100分の1秒刻みで計時されるが，この写真判定装置は，1 000分の1秒単位の計測が可能となっている．

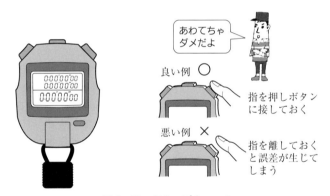

図5・12　ストップウォッチ

　ところで，陸上競技の100 m走のフィニッシュにおいて身体のどの部分がゴールラインを通過したときにゴールと見なすのだろうか．日本陸上競技連盟が定めた陸上競技ルールブックによると，「競技者の順位は，その胴体（すなわち，トルソーのことで，頭，首，腕，手または足とは区別される）のいずれかの部分が，フィニッシュラインのスタートラインに近い，端の垂直面に到達したことで決める」と定められている．

COLUMN　大名時計

　大名時計は，江戸時代に大名お抱えの御時計師たちが，長い年月をかけて手作りで製作した時計である．製作技術，機構，材質などの優れたこの時計は，美術工芸品であり，世界に類のない日本独特の時計である．時刻はヨーロッパで使用された24時間の定時法の時刻と異なり，夜明けから日暮れまでの昼を六等分，日暮れから夜明けまでの夜を六等分した不定時法が用いられている（**図5・13**）．すなわち，夜明けと日暮れは季節によって時間が変わるため，昼と夜の長さが変わり，一時（いっとき）の長さが変わるのである．

　暦には今でも「子(ね)」「丑(うし)」……という『十二支』と，「甲(きのえ)」「乙(きのと)」……という『十干(じっかん)』とを組み合わせて「甲子(きのえね)」「乙丑(きのとうし)」……というように60通りの干支(えと)が表されているが，不定時法による時刻や方位の呼び方は，数字ではなく十二支が当てはめられていた．

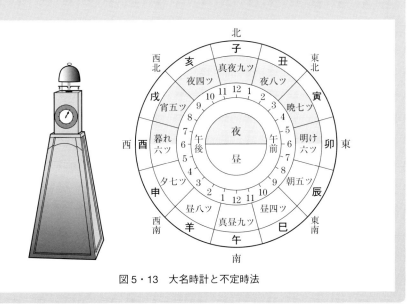

図5・13　大名時計と不定時法

5-2 回転速度の計測

……… くるくる 回るものを どうやって計る

① 回転速度は，1分間の回転数で表される．
② 回転速度計には，遠心式，電気式，ストロボスコープなどがある．

1 回転速度の定義と単位

機械の**回転速度**の多くは，1分間の回転数で表される．その単位は，$\min^{-1}$ である．また国際単位ではないが，rpm も日本の計量法で認められており，実用的には広く用いられている．人間が肉眼で測定できる回転数は，$140 \min^{-1}$ 程度までだといわれている．そのため，それ以上の回転数を測定するためには，**回転計**が用いられる．

2 回転速度計の種類

① 遠心式回転計

遠心式回転計は，回転体にはたらく遠心力とコイルばねの反力をつり合わせて，ばねの変位から回転速度を指示したものである（**図 5・14**）．この回転速度計は，

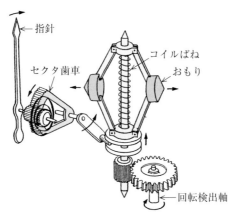

図 5・14　遠心式回転計

構造が丈夫で簡単であり，瞬間の回転速度に近いものを測定できる．

② 計数式回転計

計数式回転計は，物体の回転数を計数するものであり，ハスラー回転計と電子式計数回転計などがある．

ハスラー回転計は，回転計を回転している測定軸に直接押しつけて計数するものである．作動原理は，測定軸の回転を回転検出軸から摩擦車を経て，つめ車を回し，その回転が指針で示される（**図5・15**）．

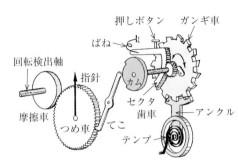

図5・15 ハスラー回転計の原理

ハスラー回転計による実際の測定は，**図5・16**のようにして行われる．測定軸との接触部分はゴム製であり，両軸が滑らないようにしてある．測定は人間が目盛を読むことで行われるため，時間的に変動が大きいような回転速度の計測には適さない．

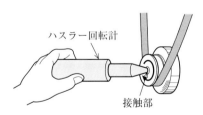

図5・16 ハスラー回転計による実際の測定

電子式計数回転計は，ピックアップを利用することで電子的に計数を行うものである．ピックアップの種類には，回転円板の凹凸を電磁式に計数するものや（**図5・17**(a)），回転円板のスリットを通る光の明暗を光電素子で計数する光電式などがある（**図5・17**(b)）．

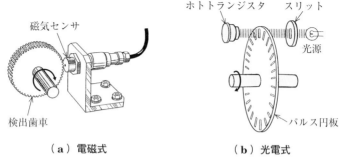

(a) 電磁式　　　　　　　　　(b) 光電式

図 5・17　電子式計数回転計

③　電気式回転計

電気式回転計は，直流または交流の発電機を測定しようとする回転軸に直結し，回転速度に比例した電圧から回転速度を求めるものである（**図 5・18**）．自動車の速度計には磁気式，鉄道の速度計には発電式が多く用いられている．発電式は1つのシステムにおいて同時に測定した複数のデータを，電気信号の形で集中監視できるメリットがある．

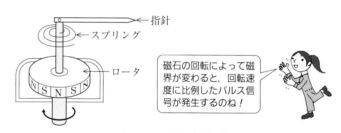

図 5・18　電気式回転計

④　ストロボスコープ

ストロボスコープは，高速で周期的な点滅を行う装置であり，最高 $30\,000\text{ min}^{-1}$ 程度までの回転速度を測定できる．測定物に非接触で測定が行えるため，トルクが小さい回転でも正確に測定できる．

測定原理は，ストロボスコープの点滅周期と，回転している物体の運動周期が一致したとき，物体が静止した状態に見えるというものである（**図 5・19**）．

ただし，回転速度がストロボスコープの点滅回数の整数倍のときには，物体は

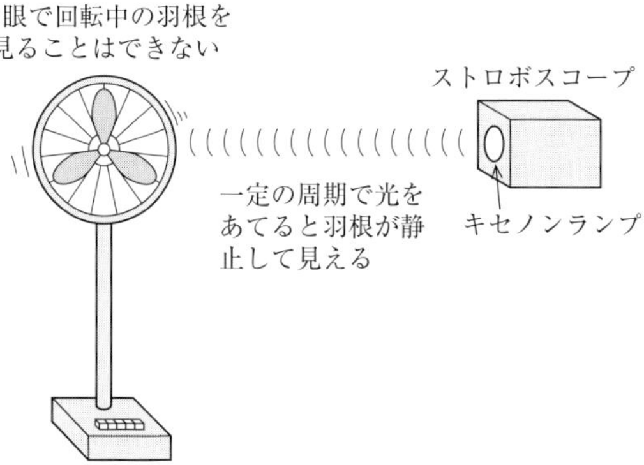
肉眼で回転中の羽根を
見ることはできない
ストロボスコープ
一定の周期で光を
あてると羽根が静
止して見える
キセノンランプ

図5・19　ストロボスコープによる測定

静止して見えてしまう．そのため，実際の回転速度を決定するためには，おおよその回転数を頭に入れておき，低い点滅回数から上げていくという方法で測定するとよい（**図 5·20**）．

△注意
羽根がある位置に
来たときだけ，光
をあたると羽根が
止まって見える
整数倍で光をあて
ると，羽根の枚数
が増減することが
ある

図5・20　ストロボスコープによる測定の注意点

⑤　タコメータ

回転速度計のことを英語でタコメータ（tachmeter）といい，自動車やオートバイの回転速度表示のことをタコメータとよぶことも多い．

エンジンの回転速度の測定原理にはいくつかの方式がある．現在ではクランクの回転角度をロータリエンコーダなどの角度センサで測定するものが多い．

章末問題

問題 1 時間の SI 単位系は何か．

問題 2 時間の定義の基準は，地球の運動から現在は何に移り変わっているか．

問題 3 日本標準時子午線は，どの場所に定められているか．

問題 4 物理的な法則による連続変化を利用した時計を 2 種類あげなさい．

問題 5 振り子の長さを l〔m〕，重力加速度を g〔m/s²〕としたとき，振り子の周期 T〔s〕を求めなさい．

問題 6 現在，多くの時計に用いられている発振調整装置は何か．

問題 7 電波時計とは，どんな原理で動く時計なのかを述べなさい．

問題 8 回転速度の定義と単位を述べなさい．

問題 9 計数式回転速度計を 2 種類あげなさい．

問題 10 ストロボスコープの長所をあげなさい．

第6章

温度と湿度の計測

　機械の動力源には，熱エネルギーが用いられることが多い．そのため，さまざまな測定範囲での温度を計測する場面が出てくる．そのときに，適切な温度計を選択して計測できることが重要となる．ここでは，さまざまな温度の計測について学ぶ．また，気体中に含まれる水蒸気の量である湿度の計測についても学んでいく．

6-1

温度の定義と単位

───── あら不思議 どんな ものでも 0〔K〕で静止

Point
① 熱は，エネルギーの移動形態の1つであり，温度は熱の大小を表す尺度である．
② 温度のSI基本単位は，ケルビン〔K〕である．

1 温度と熱

温度とは，寒暖の度合いを数量で表す尺度であり，ミクロな視点で見ると，物質を構成する分子運動のエネルギーの統計値のことである．

このため温度には下限が存在し，0〔K〕（＝－273℃）でどんな分子運動も静止した状態になる（図**6・1**）．これを**絶対零度**という．

図6・1　どんな分子運動も0〔K〕でストップ

温度は，非常に測定しにくい物理量の1つである．これは，温度が分子運動の統計値であるため，分子数が少ない場合には，統計的に値が安定せず，意味がなくなるという問題が生じてしまうためである．

熱とは，エネルギーの移動形態の1つであり，分子の振動の激しさを表している．その昔，熱は熱素という物質（元素）であるという熱素説が信じられていたが，後に否定された（図**6・2**）．なお，熱は高温の物質から低温の物質へと移動する．

図6・2　熱の本質は熱素からエネルギーへ

❷ 温度の単位

① 熱力学温度

熱力学によって定義される温度であり，すべての熱運動が停止する絶対零度の基準点が存在することが特徴である．これは絶対温度ともよばれ，単位はケルビン（K）である（図 6・3）．これは 1848 年にイギリスの物理学者ケルビンが考案した．

図 6・3　熱力学温度

② セ氏温度

セ氏温度は，摂氏とも表記される温度の単位である（図 6・4）．欧米では考案者の名前からセルシウス度とよばれており，セルシウスを中国語で書いた摂爾修から摂氏となった．摂氏は，スウェーデン人のアンデルス・セルシウスが 1742 年に考案したものに基づいている．

図 6・4　セ氏温度

当初は，1 気圧下における水の凝固点を 100℃，沸点を 0℃ として，その間を 100 等分し，低温領域，高温領域に伸ばしていた．しかしその後，定義は凝固点を 0℃，沸点を 100℃ とする現在の方式に改められた．

③ カ氏温度

カ氏温度は，華氏とも表記される温度の単位である（図 6・5）．これは，1724 年にドイツの物理学者ガブリエル・ファーレンハイトが作成した．華氏という表記は，ファーレンハイトの中国語における音訳「華倫海」に由来している．

図 6・5　カ氏温度

食塩水の凝固点を 0℉，人間の体温を 96℉ として，その間を 96 等分し，低温領域，高温領域に伸ばしていた温度単位であったが，ファーレンハイトの死後，若干修正されて，1 気圧における純水の凝固点を 32℉，沸点を 212℉ としてそれ以外に延長されたものになった．この温度目盛は，真夏の気温が，100℉ で，真冬の気温は 0℉ で，生活感覚に直結した温度目盛として使われている．カ氏温度 F〔℉〕は，セ氏温度 t〔℃〕を基準にして，次式で求められる．

$$F = \frac{9}{5}t + 32 \ \text{〔℉〕} \qquad \text{また，} \ t = \frac{5}{9}(F-32) \ \text{〔℃〕}$$

6-2 温度の計測

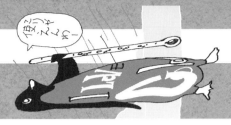

① 温度計には，液柱式，バイメタル，熱電対などがある．
② 非接触で測定ができる高温計は，光や赤外線を利用している．

❶ 液柱温度計

液柱温度計は，液体（普通はケロシンなどのアルコール類）の熱膨張を利用したものである（**図 6・6**）．構造が簡単であり，かつ精度が良いため，幅広く使用されている．

温度計の温度が測定物の温度と等しくなるまでに，ある程度の時間がかかる**時間遅れ**や，長い年月の間にガラス管が収縮して狂いを生じる**経年変化**などには注意する必要がある．

図6・6 液柱温度計

❷ バイメタル温度計

バイメタルとは，熱膨張率が異なる2枚の金属板を貼り合わせたものである（**図6・7**）．これが温度の変化によって曲がり方が変化する性質を利用して，温度計や温度調節装置などに利用されている．

バイメタルは，鉄とニッケルの合金に，マンガン，クロム，銅などを添加して2種類の熱膨張率の異なる金属板をつくり，冷間圧延で貼り合わせたものである．

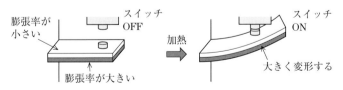

図6・7 バイメタル温度計

温度変化によるバイメタルの変形を利用して，自動的に温度を一定に調節する装置を**サーモスタット**といい，家庭用電気器具などに利用されている．

❸ 熱電対

熱電対とは，2種類の異なった金属導線の両端を接続して，その両端に温度差を与えると，その回路に熱起電力が生じる**ゼーベック効果**という現象を利用したものである（**図6・8**）．熱電対を利用した温度計は，高温でも小さい箇所でも測定可能であり，温度センサとして自動制御装置に組み込まれている．

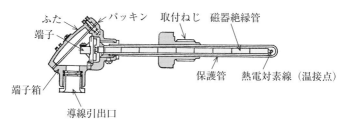

図6・8　熱電対

熱電対は，高温側と低温側の接点の温度差を測定するものである．そのため，基準接点を魔法びんの氷点とすることで，精度のよい測定ができる（**図6・9**）．

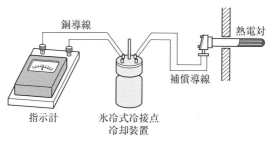

図6・9　測定回路

また，熱電対の例を**表6・1**に示す．

表 6・1 熱電対の例

記号	＋極（脚）	－極（脚）	使用温度範囲（℃）	特徴
K（CA）	クロメル	アルメル	$-200 \sim 1\,000$	起電力が直線的にあがる
E（CRC）	クロメル	コンスタンタン	$-200 \sim 700$	熱起電力が大きい
J（IC）	鉄	コンスタンタン	$-200 \sim 600$	さびやすい
T（CC）	銅	コンスタンタン	$-200 \sim 300$	熱伝導誤差が大きい
R（PR）	白金・ロジウム合金	白金	$0 \sim 1\,400$	安定性がある

❹ 抵抗温度計

① 白金測温抵抗体

測温抵抗体は，金属や半導体の電気抵抗率が温度によって変化することを利用したものである．実用的な温度計としては，化学的な安定性から主に白金線が用いられる．また，白金より価格が安く，抵抗の温度係数も大きく，常温付近で安定しているニッケルや銅などもある．

② サーミスタ

サーミスタ（図 6・10）は，温度変化に対して電気抵抗の変化の大きい抵抗体のことであり，-50℃から 350℃ 前後まで測定ができる．図 6・11 にサーミスタの代表的な特性を示す．サーミスタは，特性によって次の 3 つに分類される．

図 6・10 サーミスタ

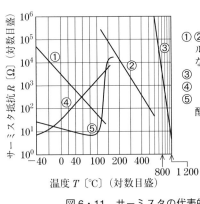

図 6・11 サーミスタの代表的な特性

NTC サーミスタは，温度の上昇に対して抵抗が減少するサーミスタである．温度と抵抗値の変化が比例的なため，最も多く使われている．ニッケル，マンガン，コバルト，鉄などの酸化物を混合して焼結したものである．

PTC サーミスタは，NTC サーミスタとは逆に抵抗が増大するサーミスタである．PTC サーミスタにはチタン酸バリウムなどが用いられる．

また，ある温度を超えると急激に抵抗が減少する CTR サーミスタがある．

❺ 熱放射温度計

① 光高温計

光高温計は，測定しようとする物体の輝度（明るさ，光の強さ）と光高温計電球のフィラメントの輝度が同じになるように合わせて，このとき流れる電流から温度を求めるものである（**図 6・12**）．この温度計は，測定物体に非接触で簡単に測定でき，携帯にも便利であるため，幅広く用いられる．700°C くらいまでの温度が測定できる．

図 6・12　光高温計

② 赤外線温度計

温度をもったすべての物体からは，温度に応じた波長の赤外線が放射されている．**赤外線温度計**は，物体から放射される可視光線の強さを測定して温度を測定するものである（**図 6・13**）．700°C 以上の温度測定に使用される．

サーモグラフィーは，赤外線領域に感度をもつ赤外線カメラによって，対象の赤外線放射をとらえて画像化する技術である．物体の多くは周辺環境へ赤外線を放射しており，温度上昇に応じて赤外線放射量が増えるため，対象の温度変化を赤外線量の変化として可視化する．これは，機械や人体の表面温度の分布測定に使用される．

図 6・13　赤外線温度計

6-3 湿度の計測

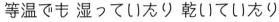
等温でも 湿っていたり 乾いていたり

① 湿度には絶対湿度と相対湿度がある．
② 湿度の計測には毛髪湿度計や乾湿球湿度計などがある．

❶ 湿度とは

　湿度は気体中に含まれている水蒸気の量で表し，さらに2つに分類される．**絶対湿度**は，単位体積あたりの気体に含まれている水蒸気の質量で表す．この湿度は，温度や圧力の影響を受けない．**飽和**とは，最大限まで水蒸気を含んだ状態のことである．飽和状態における水蒸気の量を**飽和水蒸気量**といい，これは温度によって定まり，気体の圧力には無関係である．**相対湿度**は，ある温度の気体に含まれている水蒸気と，それと同じ温度における同体積の気体の飽和水蒸気量との比であり，百分率〔％〕で表す．

❷ 湿度の計測

① 毛髪湿度計

　人間の毛髪は湿度が高くなると伸び，低くなると縮む性質がある．**毛髪湿度計**は，数十本をひと束にした毛髪を利用したものである（**図6・14**）．湿度は毛髪の伸縮を，温度はバイメタルなどで感知し，ドラム状になった記録紙に指針の先のペンで記録する．

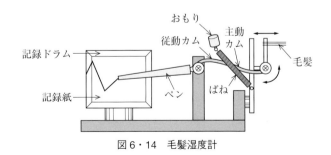

図6・14　毛髪湿度計

この湿度計は構造が簡単・安価であり，相対湿度を直読でき，記録も容易である．しかし，湿度全域に対して精度がとりにくいことや応答が遅いなどの短所がある．最近では，感知素子に電子式センサを搭載し，より精度が高い電子式温湿度記録計に代替されている．

② 乾湿球湿度計

乾湿球湿度計は，乾球と湿球という同形2個の温度計を用い，両方の温度計の指示から実験式によって相対湿度を求める（図6・15）．ここで，湿球温度計とは，測温部をガーゼなどで包んで水に湿らせておき，水の蒸発によって熱がうばい去られるときの温度を測定するものであり，周囲温度より低い温度を指示する．相対湿度が100%であれば，水は蒸発しない．なお，精度を要求するものには，通風ファンにより3.0 m/s以上の強制通風を行う．

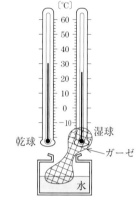

図6・15 乾湿球湿度計

③ 露点計

氷の入った冷たいコップを部屋に置くと，コップのまわりに水滴が付くことがある．これは，コップの周りの空気が冷えて水蒸気が水滴になったことによる．このように空気の温度を下げていったときに，空気に含まれる水蒸気が水滴になる温度を**露点**という．

露点温度は，空気中の水蒸気の量によって変化する．例えば，露点温度は水蒸気が多いと高くなり，少ないと低くなる．すなわち，露点温度は空気中の水分量を表しているのである．

代表的な**露点計**である**鏡面式露点計**は，水滴がついた結露状態を光で検出する方式である（図6・16）．この方式は，空気などの流路に小さな鏡を設け，その鏡の温度をペルチェ素子で上げ下げし，強制的に鏡に露を発生させて，これを検出している．

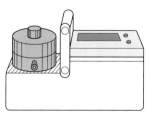 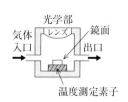

図6・16 鏡面式露点計

章末問題

問題 1 熱と温度の定義を述べなさい．

問題 2 温度の単位を 3 種類あげ，それぞれの単位を述べなさい．

問題 3 液柱温度計は，液体のどのような性質を利用したものかを述べなさい．

問題 4 バイメタルの原理を述べなさい．

問題 5 熱電対の原理を述べなさい．

問題 6 サーミスタとはどんなものかを述べなさい．

問題 7 光高温計の原理を述べなさい．

問題 8 赤外線温度計の原理を述べなさい．

問題 9 絶対湿度と相対湿度の定義を述べなさい．

問題 10 代表的な湿度計を 2 つあげなさい．

問題 11 セ氏温度 40°C はカ氏温度で何 °F か．

問題 12 カ氏温度 100°F はセ氏温度で何 °C か．

第7章
流体の計測

機械を動かすためには，そのまわりにある空気や水の性質をきちんと理解しておく必要がある．流体という物理量は存在しないため，実際は圧力や密度，流量，流速などを計測することになる．ここでは，それらの定義と単位，計測法などについて学んでいく．

7-1 流体を表す物理量

実はない 流体という 物理量

① 流体とは，自由に形を変えて流れることができる物質のことである．
② 流体を表す物理量には，密度，比重，流量，流速，粘度などがある．

❶ 密 度

密度は，単位体積あたりの質量のことである（図 **7·1**）．質量 m〔kg〕，体積 V〔m³〕の物質の密度 ρ〔kg/m³〕は，次式で表される．

$$\rho = \frac{m}{V} \text{〔kg/m}^3\text{〕}$$

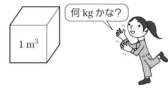

図 7·1 密度

水の密度は，標準 1.0 気圧，4°C で最大となり，1 000 kg/m³ である．空気の密度は，標準 1.0 気圧，15°C では 1.225 kg/m³，40°C では 1.128 kg/m³ である．

❷ 比 重

比重は，標準 1.0 気圧における水の最大密度（4°C）に対する比のことである．比重に単位はない．

　油の密度：　ガソリンは 0.65〜0.75，軽油は 0.85 であり，一般に 1.0 より小さい．
　塩水の密度：平均的に 1.02 とされるが，その場所の塩分によって若干異なる．

図 7·2 比 重

❸ 流 量

流量には，単位時間あたりに流れる流体の質量である**質量流量**と，単位時間あたりに流れる流体の体積である**体積流量**がある（図 **7·3**）．多くは，管路内の液体または気体の流れを対象としている．

図 7·3 流 量

❹ 流　速

流速は，単位時間あたりに流れる流体の速度のことである（**図 7・4**）．流速の計測には，流れとともに移動する物質から求める方法，流体中に置かれた物体にはたらく力から求める方法，流体中に置かれた物体の前後に生じる圧力差から求める方法などがある．

図 7・4　流　速

❺ 液　面

液面とは，液体の位置のことである（**図 7・5**）．タンク内での測定などに使用される．

図 7・5　液　面

❻ 粘　度

流体がもつドロドロやサラサラなどの性質を粘性，また粘性を示す物体を粘性体という．**粘度**は，流体の流れやすさの程度を表したものである（**図 7・6**）．

例えば，2 枚の平行な板の間に液体を満たし，一方の板を平行に一定の力で動かした場合を考えると，板の動きとともに，液体も移動しはじめるが，このとき，動く板に近い液体ほど流れる速度は速くなる．

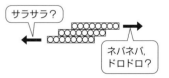

図 7・6　粘　度

❼ 層流・乱流

流体の各粒子が規則正しく流れているとき，これを**層流**という．これに対して，流体の各粒子が不規則に流れているとき，これを**乱流**という（**図 7・7**）．

層流や乱流は**レイノルズ数**という値で示すことができる．

　　層流　　　　乱流

図 7・7　層流と乱流

7-2 流体の計測

物理量 いろいろ出てくる 流体計測

❶ まずは，どんな物理量を計測するのかを考える．
❷ 次に，どの方法で計測するのかを考える．

❶ 密度の計測

固体の密度は，ばねばかりを使用して簡易的に求めることができる．

アルキメデス法は，液体中にある固体が同体積の液体の重量と同じだけ浮力を受けること（アルキメデスの原理）を利用して，試料の密度を求める方法である．

$F = kl$ …… フックの法則より
$Mg = kl$ …… 力のつり合いより

物体の体積を V とし，水の密度を ρ とすれば，重力加速度を g として，$\rho V g$ だけの浮力を受けるため，ばねにはたらく力はその分だけ減少する．したがって，このときのばねの伸びが l から l' に変化したとすれば，おもりの質量を M として，次式が成立する．

$Mg - \rho V g = kl'$

上式に $Mg = kl$ を代入すれば，

$kl - \rho V g = kl'$ すなわち，$Vg = \dfrac{k}{\rho}(l-l')$

力のつり合い式を上式で割ると次式が得られる．

$\dfrac{M}{V} = \dfrac{l}{l-l'} \cdot \rho$ 〔g/cm³〕

次に，実際の計測例をみてみよう．**図 7·8** のように，ばねばかりに測定したい固体をつるす．まず大気中でのばねばかりの伸びを測定し，次にこれを水に入れたときでの伸びを測定する．最後に上式に値を代入して，固体の密度を求める．

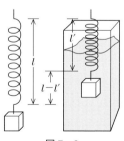

図 7·8

❷ 比重の計測

比重は**比重計**で測定する（図7・9）．これは，浮ひょうやボーメ計ともいう．比重計は，密度，比重，濃度などを直読できること，ほとんどの液体に使用ができること，構造が簡単なわりに，精密測定ができることなどの特長があるため，幅広く使用されている．

比重計は，浮力をもつ胴部と目盛のあるけい部からなり，胴部は鉛玉などで重さを調整，けい部には目盛紙が挿入してある．液体中に比重計を浮かべてつり合わせたとき，比重計の質量と液中にある部分の浮ひょうの体積の質量は等しくなる．このときの密度などをけい部の目盛に指示することにより密度などを測ることができる．

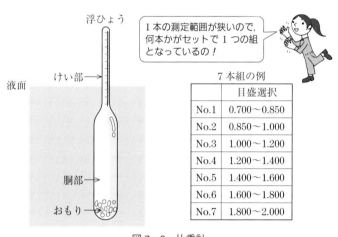

図7・9　比重計

比重に単位はないが，比重計にはいくつかの補助計量単位が定められている．重ボーメ度（Bh）は，水より重い液体の目盛として用いられる．比重1.00に相当する重ボーメ度は0，比重2.0に相当するものは約72である．軽ボーメ度（Bl）は，水より軽い液体の目盛として用いられる．比重1.00に相当する軽ボーメ度は10，比重が約0.7に相当するものは72である（図7・10）．

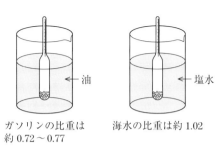

| ガソリンの比重は | 海水の比重は約 1.02 |
| 約 0.72 〜 0.77 | |

図 7・10　測定の様子

❸ 流量の計測

● 1　差圧流量計

差圧流量計とは，流体が流れている管路の中に絞り部を取り付けると，その前後で圧力が変化することを利用したものである．この流量計は，構造が簡単であり，液体・気体・蒸気などの幅広い流体の計測ができるという長所がある．一方，他の流量計と比べて，測定範囲が小さいこと，圧力損失が大きいことなどの短所もある．

差圧流量計の絞り部の形状には，オリフィス，ノズル，ベンチュリがある．いずれも圧力を測定して，定められた式に代入することで，流量を求めることができる．

オリフィスは，中央に丸い穴があいた円板であり，**図 7・11** のようにして管路の中に取り付けられる．**ノズル**は，蒸気など高温・高速で流れる流体の流量測定に多く使用される（**図 7・12**）．オリフィスは円板の仕切であったが，ノズルは円筒断面が少しずつ減少する長円形としている．

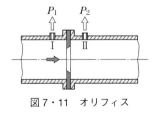

図 7・11　オリフィス

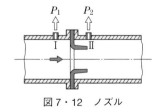

図 7・12　ノズル

ベンチュリは，管路中で管径を絞った円すい形をしている．固形物を含んだ流体にも使用できるが，円すい部が長くなるため，ノズルやオリフィスと比べて装置が大きくなる（図 7・13）．

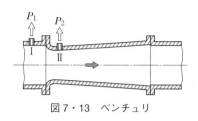

図 7・13　ベンチュリ

2　面積流量計

面積流量計は，管内における絞り部の面積を変化させて，その前後の圧力を一定にして，流量を測定するものである（図 7・14）．この流量計は，構造が簡単であり，透明なガラス管を用いれば，フロートの位置を直接読みとることで流量を測定できる．なお，固形物を含んだ流体には適さず，精度もそれほど高くない．

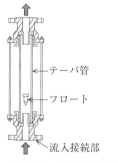

図 7・14　フロート形面積流量計

3　羽根車流量計

羽根車流量計は，タービン流量計ともいい，管内に羽根車を取り付けて，その回転数から流量を求める流量計である（図 7・15）．羽根車の回転数は流量に比例するため，構造が簡単なわりに高精度な測定ができる．そのため各種の工業用から，家庭用水道メータなどに幅広く使用されている．なお，固形物を含んだ流体や粘性の高い流体には適さない．

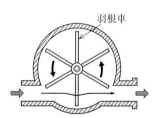

図 7・15　羽根車流量計

● 4　電磁流量計

　電磁流量計は，コイルに電流を流して管内に磁界をつくり，その中を流れる液体の導電率にしたがって発生する起電力の大きさを検出して流量を測定する（**図7・16**）．この流量計は，管内に可動部や障害物をもたず，流れにまったく影響を与えず測定でき，かつ，メンテナンスの手間が少ないという特徴がある．用途は大口径の水道管における流量測定から，血管中の血液の微少な流量測定まで幅広く用いられる．

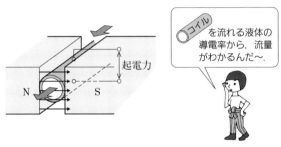

図7・16　電磁流量計

● 5　超音波流量計

　超音波とは，人間の可聴域を超える周波数の高い音波で，通常 20 kHz 以上の音響振動をいう．これが伝わるためには，固体・液体・気体などの媒体が必要であるが，これら媒体中の伝播速度は電波に比べて非常に遅いので，近距離の測定を行うための信号源として適する．このため超音波は，流量計，距離計，厚さ計，医療用診断装置などに利用される．

　超音波流量計は，超音波で発振するセンサを配管の2か所に密接させて，一方のセンサから超音波を発信させ，他方で受信するという送受信機である（**図7・17**）．送信信号が配管内の流体の速度により影響を受け，受信信号の変化として検出される．その変化値を演算して流速を表示する．

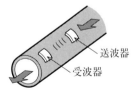

図7・17　超音波流量計

❹ 流速の計測

● 1 浮 子

　流速を測定する方法として，まず思い浮かぶのは，流れとともに移動する物体である**浮子**を用いる方法である（**図7・18**）．例えば，浮子が50 m 移動するのにかかる時間が何秒かを測定して，求める．構造が簡単であるため，河川の流速の計測などに使用されるが，精度はそれほど高くなく，高速の流速測定には不向きである．

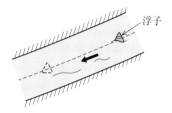

図7・18　浮子による流速測定

● 2 塩水速度法

　塩水速度法は，管内を流れている水の中に短時間だけ塩水を流したときに変化する水の導電率を2か所で測定して，浮子による流速測定と同じように距離を時間で割って，流速を求める方法である（**図7・19**）．実験装置が簡単であり，測定時間もそれほどかからないため，水力発電所の水車の性能試験などに使用されてきた．

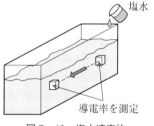

図7・19　塩水速度法

● 3 風車式風速計

　風車式風速計は，流体中に置かれた物体にはたらく力を利用するものであり，約 10 m/s までの風速を測定できる（**図7・20**）．

　同様の原理の風速計に，気象観察用として古くから利用されている**ロビンソン風速計**がある（**図7・21**）．これはお椀形の風受けを4本の十字状の棒の端に取り付け，軸を中心として回転させる．発生する遠心力が小さいため，約 50 m/s までの風速を測定できる．

図7・20 風車式風速計

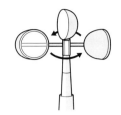

図7・21 ロビンソン風速計

● 4　翼車式流速計

　翼車式流速計は，液体の流れを翼形をした羽根車にあてて回転させ，その回転数から流速を求めるものである（**図7・22**）．この流速計は，河川の流れや船舶の速度などを測定するものであり，風速計より丈夫な構造でできている．

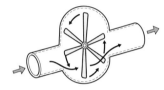

図7・22 翼車式流速計

● 5　ピトー管

　ピトー管は，流れに対し正面（**図7・23**のA）と直角方向（同図のB）に小孔をもち，それぞれの孔から別々に圧力を取り出す細管が組み込まれている．これを流れの中に設置して，その圧力差である動圧（＝全圧－静圧）を測定することにより，風速を求める．ピトー管は5 m/s程度の風速から，より高速な航空機の速度測定などに幅広く使用されている（**図7・24**）．

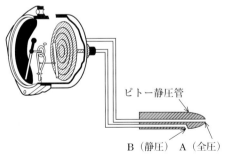

図7・23 ピトー管の構造

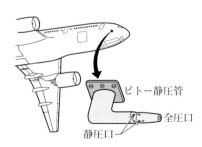

図7・24 航空機の速度測定

● 6　熱線風速計

　加熱された物体を空気中に放置すると熱放散により冷却され，ある程度の時間が経過すると，周囲空気と同じ温度になる．このとき風が吹いていると冷却はさらに早められる．よって，風速と冷却の関係がわかれば，風速計として応用できる．

　熱線風速計は，流体中に置かれた高温物質の冷却作用から風速を測定する（**図7・25**）．

図7・25　熱線風速計

❺ 液面の計測

● 1　フックゲージ

　フックゲージは，液面の下から上に向けて針を持ち上げていき，液面に突き出る瞬間の表面張力の変化をとらえて測定する（**図7・26**）．この測定器は，測定原理や測定装置が簡単なため，液面の測定に幅広く使用されている．しかし，時間によって液面の位置が大きく変動するものには適さない．

　工業的な計測では，連続的な自動計測として，船舶タンカーの重油，燃料，飲料水などのタンクの液面計測に使用される．

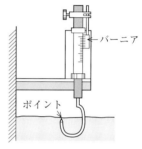

図7・26　フックゲージの構造

● 2　フロート形液面計

　フロート形液面計は，球形のフロートをタンクの中に浮かべて，その上下の動きをレバー機構を介して回転運動に変換し，液面を指示する（**図7・27**）．感度を最

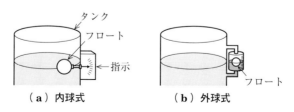

図7・27　フロート形液面計

大にするため，球形のフロートの場合は液面下にちょうど半球部分だけ沈むように設計するとよい．

静電容量液面計は，液面の上下によって変化する電極間の静電容量を測定し，液面を計測するものである（図 7・28）．小型・軽量で構造も簡単であるため，タンク容量に左右されずに省スペースで液面の測定ができる．波動，泡，浮遊物の影響を受けず，高温，低温，高圧などの苛酷な条件にも対応できる．また，粘度が高い液体の液面測定にも効果的である．

図 7・28　静電容量液面計

3　超音波液面計

超音波は，液体から気体へ，また気体から液体へ入射する場合にほとんどそのすべてが液面に反射して戻ってくる．

超音波液面計は，発振器から発した超音波が液面で反射して受信器に戻ってくるまでの時間を検出して液面を測定する液面計である（図 7・29）．音速は，気温によって変化するので補正装置を必要とするが，液体の種類や温度による誤差は小さい．

図 7・29　超音波液面計

6 粘度の計測

1　回転円筒粘度計

回転円筒粘度計は，ロータにはたらく粘性抵抗（トルク）を特殊な機構によって指示する粘度計である（図 7・30）．実験用だけでなく，塗料，糊剤，食品，化粧品，重油などの製造工程で，粘度測定による品質管理を行うなど現場において使用される．

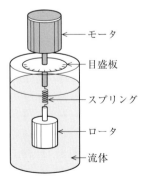

図 7・30　回転円筒粘度計

● 2　細管粘度計

細管粘度計は，液体が細管を一定量流れ落ちる時間を測定して粘度を求める粘度計である．主に油類の測定に用いられており，測定原理の違いにより数種類がある．

① **オストワルド粘度計**

オストワルド粘度計は，**図 7・31** の左側に一定体積の試料を入れ，右側の管の先まで粘度を調べる試料（液体）を吸い上げ，液体の上端が b 点から a 点までを通過するときの時間を測定する．一般的に，高温ほど粘度は小さくなるため，落下時間が短くなる．

図 7・31　オストワルド粘度計

② **レッドウッド粘度計**

レッドウッド粘度計は，イギリスの石油規格で定められた粘度の測定方法である．水を入れた外筒を加熱して，内筒にある試料（液体）を適当な温度にしてから栓を開き，試料が 50 cm^3 だけ流出するのに必要な時間〔秒〕を測定する（**図 7・32**）．この時間をレッドウッド秒という．

③ **セイボルト粘度計**

セイボルト粘度計は，米国の材料試験規格で定められた粘度計である．潤滑油用と燃料油用があり，一定温度において試料（液体）が 60 cm^3 だけ流出する時間〔秒〕を測定する（**図 7・33**）．この時間をセイボルト秒という．

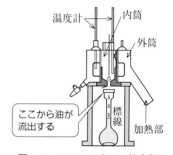

図 7・32　レッドウッド粘度計

図7・33　セイボルト粘度計

❼ 層流・乱流の計測

　1833年頃，レイノルズは管内での水の流れに関する一連の実験を行った．これは水槽の水を細いガラス管に導き，入口から赤いインクを注入することで，管内の流れを観察する実験装置である．

　流速が小さいときには，インクはガラス管の軸に平行で真っ直ぐに観察される．これが**層流**であり，定常で規則正しい流れである．次に流速を少しずつ増加させていくと，あるところで，1本のインクの流れがフラフラと揺れ，途切れたりする．これが**乱流**であり，乱れた流れである．さらに流速を大きくすると，インクは拡散して見えなくなってしまう．

　レイノルズは，管路を流れる流体の状態を**レイノルズ数 *Re*** で定義した．

$$Re = \frac{vd}{\nu} = \frac{\rho vd}{\mu}$$

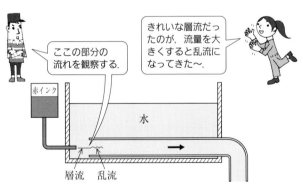

図7・34　レイノルズの実験装置

ここで，v〔m/s〕は管路内の流速，d〔m〕は管の内径，ν〔kg/m³〕は流体の動粘度を表している．また，$\nu = \dfrac{\mu}{\rho}$〔m²/s〕であり，μ〔Pa·s〕は粘度，ρ〔kg/m³〕は流体の密度のことである．

レイノルズ数とは，流体の状態を表しており，$\dfrac{慣性力}{粘性力}$ の比で定義されている．

一般にレイノルズ数が 2 000 以下の流れは層流，4 000 以上の流れは乱流である．流れが層流から乱流に移るときのレイノルズ数を特に**臨界レイノルズ数**といい，この値は約 2 320 になる．

レイノルズ数が小さいと，相対的に粘性による作用が大きい流れとなり，層流を表すことが多い．例えば，人間の血液やはちみつなど，粘り気を感じるものがこちらに属する．また，レイノルズ数が大きいと，相対的に慣性による作用が大きい流れとなり，乱流を表すことが多い．例えば，空気や水の流れなど，粘り気をあまり感じないものがこちらに属する．

飛行機や自動車，新幹線などの空力特性を調べるため，スケールモデルを用いた**風洞実験**が行われることが多い（図 **7・35**）．これらの実験においては，模型の縮尺と模型にあてる風の縮尺が合っていなければ，その現象をシミュレーションできたとは言えない．このようなとき，重要となるのがレイノルズ数である．すなわち，風洞実験においては，実際の現象とレイノルズ数が等しくなるような実験を行う必要がある．

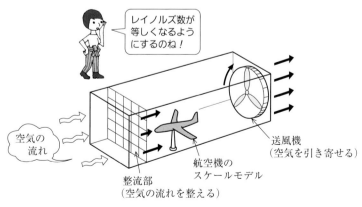

図 7・35　風洞実験

章末問題

問題 1 密度の定義を述べなさい．

問題 2 比重の定義を述べなさい．

問題 3 差圧流量計を 2 つあげなさい．

問題 4 管内における絞り部の面積を変化させて，その前後の圧力を一定にして計測する流量計を何というか．

問題 5 電磁流量計の原理を述べなさい．

問題 6 航空機の速度計測などに用いられている流速計を何というか．

問題 7 フックゲージの原理を述べなさい．

問題 8 粘度計の原理は大きく分けて 2 種類ある．それらの分類をしなさい．

問題 9 層流と乱流はどのような流れかを述べなさい．

問題 10 レイノルズの実験では，層流から乱流に移る状態を数値で表すことができる．この値を何といい，およそどのくらいの値をとるかを示しなさい．

第8章
材料強さの計測

　機械を構成する各部分の材料にはたらく力を把握して，その材料がどのくらいの強度に耐えることができるかを理解しておくことは，機械設計において，重要な事項である．また，新たな材料が生み出されたときには，さまざまな側面からその強度を計測しておく必要がある．本章では，材料の強度を調べるための，さまざまな試験について学んでいく．

8-1 材料強さとは

引張りや曲げ いろいろある機械的性質

① 機械的性質には，引張強さ，硬さ，衝撃強さなどがある．
② 材料試験の多くは，JISでその方法が定められている．

❶ 材料の機械的性質

材料の機械的性質とは，材料に外力がはたらいたときに，材料が抵抗する強さや硬さの度合いをいう．機械的性質には，引張強さ，圧縮強さ，硬さ，脆性（もろさ），靭性（粘り強さ）などがあり，金属材料を使用して加工を行うときに，最も重要視される性質である．具体的には，次のような試験で評価される．

❷ 試験の種類

① 引張試験

材料を引っ張ったとき，どれだけの荷重に耐えられるかの引張強さを求める（図8・1 (a)）．

② 圧縮試験

材料を圧縮したとき，どれだけの荷重に耐えられるかの圧縮強さを求める（図8・1 (b)）．

③ せん断試験

材料にせん断力を加えたとき，どれだけの荷重に耐えられるかを求める（**図8・2**）．

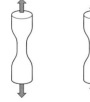

(a) 引張り　(b) 圧縮

図8・1 引張試験と圧縮試験

図8・2 せん断試験

図8・3 硬さ試験

④ 硬さ試験
試験片または製品の表面に一定の試験力で硬質の圧子を押し込んだり，一定の高さからハンマを落下させるなどによって硬さを求める（**図 8・3**）．

⑤ 衝撃試験
ハンマなどで衝撃的な荷重を加えたときの材料の抵抗の度合いを衝撃強さとして求める（**図 8・4**）．

⑥ 曲げ試験
材料の曲げに対する抵抗力を測定したり，材料の変形を判断したりして，曲げ強さを求める（**図 8・5**）．

⑦ ねじり試験
丸棒や円筒状の材料にねじりモーメントを加えたときの強さ，変形などねじりに対する抵抗力を求める（**図 8・6**）．

図 8・4　衝撃試験

図 8・5　曲げ試験

図 8・6　ねじり試験

⑧ 繰返し試験
材料に繰返し応力を加えたときの疲労破壊などから疲労強さを求める（**図 8・7**）．

⑨ クリープ試験
材料に長時間同じ負荷を加えたときの引張強さ，圧縮強さ，曲げ強さなどを求める（**図 8・8**）．

図 8・7　繰返し試験

図 8・8　クリープ試験

⑩　金属組織試験

光学顕微鏡などで材料の結晶粒度や組織，傷，き裂などを観察する（**図8・9**）．

図8・9　金属組織試験

⑪　超音波探傷試験

材料に探触子をあて，内部に超音波を伝播させ，反射されて戻ってきた超音波を受信するまでの時間などから傷の大きさを求める（**図8・10**）．

材料に関しては，計測ではなく試験ということが多い．これは，単に物理量を測定するということだけなく，材料の特性を調べることで，その材料がよいか悪いかを調べるという意味合いがある．その安全基準や試験方法については，JISなどで詳細が規定されている．

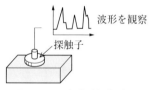

図8・10　超音波探傷試験

8-2

材料試験

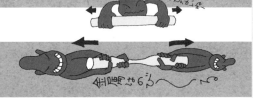

引っ張れば 材料の性質 いろいろわかる

1. 材料試験の代表は引張試験である．
2. 荷重-伸び量線図からは，材料のさまざまな特徴がわかる．

❶ 引張試験

　引張試験は試験片を軸方向に引っ張り，引き切れるまでの変化と，これに対応する力を計測し，その材料の変化に対する抵抗性の大小を知る試験方法である（**図8・11**）．この試験では引張強さや降伏点，伸び，絞りなどを求めることができるため，金属材料の強さの目安として多く使用される．

　引張試験機に取り付けられた記録用紙には，荷重-伸び線図が記録される（**図8・12**）．

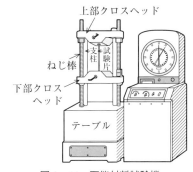

図8・11　万能材料試験機

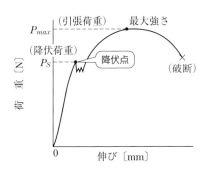

図8・12　荷重-伸び量線図

伸びを伴う延性材料はこのような曲線を描く（降伏点が確認できるかは材料による）．しかし，チョークのように伸びを伴わない脆性材料ではこのような試験は適さない．

　ここでは JIS Z 2241 に記載されている「金属材料引張試験方法」に準じて実験を行う．試験片は JIS Z 2201「金属材料引張試験片」に準じた4号試験片である（**図8・13**）．

引張試験の進め方は，次のとおりである．

● 1 試験片の準備

① 必要な試験片を準備する．
② マイクロメータで試験片の平行部分の直径を測定し，断面積 A_0〔mm^2〕を求める．
③ 標点間距離 L_0 を 50 mm として，試験片の平行部にポンチで軽く標点を打つ．

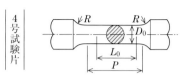

鋳鉄品，鍛鋼品，圧延鋼材，可鍛鋳鉄品，球状黒鉛鋳鉄品，非鉄金属（合金）の棒および鋳物に用いる
$L_0=50$　$P=$ 約 60
$D_0=14$　$R=15$ 以上

図 8・13　引張試験片

● 2 引張試験

① 最大の引張荷重を予測して，レンジ（秤量）を決める．
② 記録用紙を確認する．
③ 試験片を取り付ける．
④ 速度制御つまみを回して，荷重を加える．
⑤ 試験片の変形を観察する（**図 8・14**）．
⑥ 試験片が破断したら速度制御つまみを戻す．
⑦ 試験片を取り外す．

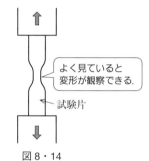

図 8・14

● 3 試験後の処理

① 最大引張荷重 $P_{\max}$〔N〕を読みとる．
② 破断後の標点距離 L〔mm〕をノギスで測定する．
③ 破断部の直径 D〔mm〕をマイクロメータで測定し，破断後の断面積 A〔mm^2〕を求める．

● 4 結果のまとめ

① 引張強さ σ〔N/mm^2〕を求める．

$$\sigma = \frac{P_{\max}}{A_0} \text{〔N/mm}^2\text{〕}$$

② 伸び δ 〔%〕を求める．
$$\delta = \frac{L-L_0}{L_0} \times 100 \text{ 〔%〕}$$

③ 絞り φ 〔%〕を求める．
$$\varphi = \frac{A-A_0}{A_0} \times 100 \text{ 〔%〕}$$

8-1　軟鋼の引張試験

平行部の直径が 14.00 mm の軟鋼（SS 400）でできた試験片を使用して，引張試験を行った．44 300 N を加えたところで降伏点を観察し，78 500 N を加えたところで最大荷重を記録した．このとき，試験片の標点間距離は 50.0 mm が 61.5 mm，また直径は 10.50 mm となった．このときの降伏荷重，最大引張荷重，伸び，絞りを求めなさい．

解答

- 試験片の断面積

$$A_0 = \frac{\pi d^2}{4} = \frac{3.14 \times 14^2}{4} = 153.9 \text{ mm}^2$$

- 降伏荷重

$$\sigma_s = \frac{P_s}{A_0} = \frac{44\,300}{153.9} = 287.8 \text{ N/mm}^2$$

- 最大引張荷重

$$\sigma_{\max} = \frac{P_{\max}}{A_0} = \frac{78\,500}{153.9} = 510.1 \text{ N/mm}^2$$

＊この値は SS 400 の最低引張強さである 400 N/mm² 以上であるため，この材料は JIS 規格に適合していることがわかる．

- 伸び

$$\delta = \frac{L-L_0}{L_0} \times 100 = \frac{61.5-50.0}{61.5 \times 100} \times 100 = 18.7\%$$

・絞り
破断後の試験片の断面積

$$A = \frac{\pi d^2}{4}$$
$$= 3.14 \times \frac{3.14 \times 10.50^2}{4}$$
$$= 86.5 \text{ mm}^2$$
$$\varphi = \frac{A - A_0}{A_0} \times 100$$
$$= \frac{153.9 - 86.5}{86.5 \times 100} \times 100$$
$$= 77.9\%$$

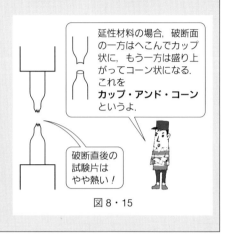

図 8・15

❷ 圧縮試験

圧縮試験は，材料がどの程度まで圧縮力に耐えうるかを調べる試験である（**図 8・16**）．試験の方法は引張試験の荷重方向を逆向きにしたものと考えればよい．

もろい材料である鋳鉄，セメントおよびコンクリートなどの材料は，圧縮試験力によって破壊を起こすが，軟鋼のようにねばい材料の場合は，破壊を起こさずどこまでも圧縮される．したがって，もろい材料の場合には主として圧縮強さ，粘い材料については圧縮弾性係数あるいは降伏点が測定される．そのほか，包装貨物および容器，段ボールなどでも圧縮試験が行われる．

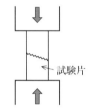

図 8・16　圧縮試験

❸ 曲げ試験

曲げ試験には，三点曲げ試験や四点曲げ試験などがある．**三点曲げ試験**では，棒状の試験片を 2 か所で支えて中央部に集中荷重を加え，このときの力とたわみ量の関係などを求める（**図 8・17**(a)）．また，**四点曲げ試験**では，試験片を 2 か所で支えて 2 か所に集中荷重を加え，このときの力とたわみ量の関係などを求める（**図 8・17**(b)）．

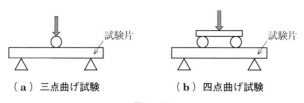

図 8・17

三点曲げと四点曲げの違いは，三点曲げが試験片を「折り曲げる」のに対して，四点曲げは試験片を「たわませる」点にある．この違いは，変形量が大きくなるにつれて顕著になる．

三点曲げのほうが，試験方法や装置がシンプルであるため，多く行われているが，変形量が大きくなる場合などには，四点曲げ試験の結果が重要となる．

❹ 硬さ試験

硬さは，材料の表面または表面近傍の機械的性質の1つである．物理的な定義は定められておらず，工業量として扱われている．一般に，硬い金属は強さや耐摩耗性が大きく，伸びや絞りが小さいという関係がある．そのため，硬さによって金属の機械的性質を推定できる．硬さを数値化して表現しようとする場合，定義のしかたによりさまざまな値をとりうる．JISでは4種類の**硬さ試験**が定められている．

● 1 ビッカース（Vickers）硬さ試験：HV

ビッカース硬さ試験は，対面角 136°のダイヤモンド圧子を測定物に一定荷重で押し込み，このときできたくぼみの大きさで硬さを測定する（**図 8・18，19**）．このとき，くぼみが小さいほど硬いことになる．この試験は，くぼみの測定に誤

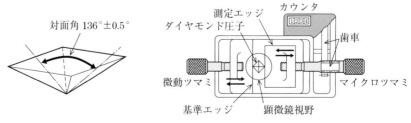

図 8・18　ダイヤモンド圧子と計測部

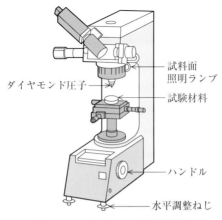

図 8・19 ビッカース硬さ試験機

差が少なく，くぼみが小さいので薄板材などにも使用できる．

● 2 ブリネル（Brinell）硬さ試験：HBS, HBW

ブリネル硬さ試験は，鋼球を測定物に一定荷重で押し込み，その時にできるくぼみの大きさで硬さを測定する（**図 8・20，21**）．他の試験よりも大きな力を加えるため，正確な測定ができる．このとき，くぼみが小さいほど硬いことになる．

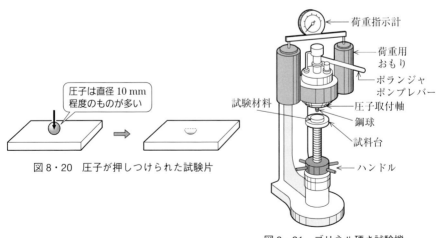

図 8・20 圧子が押しつけられた試験片

図 8・21 ブリネル硬さ試験機

● 3 ロックウェル (Rockwell) 硬さ試験：HRB

ロックウェル硬さ試験は，頂角120°のダイヤモンド圧子を測定物に一定荷重で押し込み，その押し込み深さで硬さを測定する（**図8・22, 23**）．このとき，深さの浅いものほど硬いことになる．

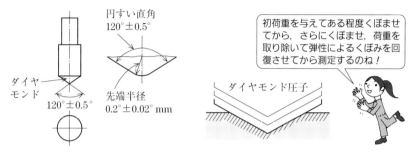

図8・22　ダイヤモンド圧子と試験片

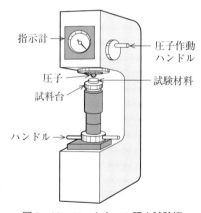

図8・23　ロックウェル硬さ試験機

● 4 ショア (Shore) 硬さ試験：HS

ショア硬さ試験は，ダイヤモンドのついた小さなハンマを測定物に落として，そのはね上がり高さで硬さを測定する（**図8・24**）．このとき，はね上がりの高いものほど硬いことになる．この試験は安価で運搬も容易であるため，硬さ試験の中で最も多く用いられている．試験材料にくぼみもほとんど与えないため，現場

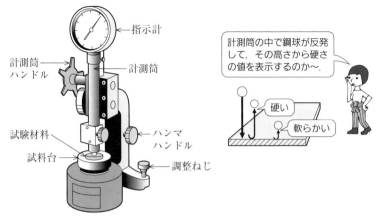

図 8・24　ショア硬さ試験機

における製品検査などにも用いられる．

　代表的な硬さ測定法の間の対応表は入手できるが，限定された材料で相関をとったもので大ざっぱな目安である．また，硬さ試験は金属材料だけでなく，変わったところでは，かまぼこやゼリーなど，食品の歯ごたえの測定などにも使用されている．

❺　衝撃試験

　衝撃試験は，材料が動的衝撃に対する抵抗の度合いを測定するもので，粘り強さ（靭性）やもろさ（脆性）を知ることができる．一般的に硬い材料は粘り強さに欠け，もろい性質を示す．代表的な衝撃試験には，**シャルピー衝撃試験**がある．

●1　シャルピー衝撃試験

　シャルピー衝撃試験は，試験機のハンマを落下させて試験片を折って衝撃値を求めるものである（**図 8・27，28**）．**シャルピー衝撃値**は，試験片を折るのに要したエネルギー〔J〕を試験片の切欠部の断面積〔cm^2〕で割った値で表される（**図 8・26**）．一般にこの値が大きいほど粘り強い材料である．

$$シャルピー衝撃値 = \frac{切断に要したエネルギー}{試験片切欠部の断面積} \ [J/cm^2]$$

　試験片の折断に要したエネルギー E は次式より算出される（**図 8・25**）．

$$E = WR(\cos\beta - \cos\alpha)$$

$W=$ ハンマの質量による負荷〔N〕

$R=$ ハンマの回転中心から重心 G までの距離〔m〕

α：ハンマのもち上げ角度〔°〕

β：試験片折断後のハンマの振上り角度〔°〕

したがって，エネルギー E は，ハンマをもち上げたときと，折断後振り上がったときの位置エネルギーの差で表される．

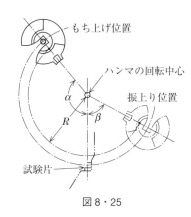

図 8・25

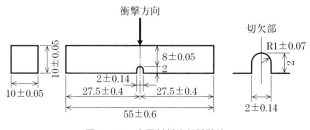

図 8・26　金属材料衝撃試験片

● **2　シャルピー衝撃試験の進め方**

(1) 衝撃試験

① 必要な試験片を準備する．

② ハンマを正しい位置にセットする．

③ もち上げハンドルを回して，ハンマを 120° までゆっくりもち上げる．

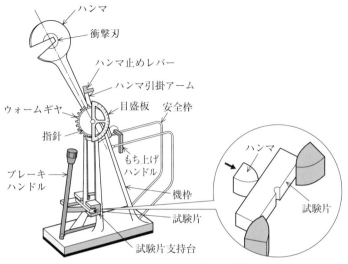

図8・27　シャルピー衝撃試験機

④　ハンマを落下させて，試験片に衝撃を加える．
⑤　少しずつブレーキをかけて，ハンマの動きを止める．
⑥　指針を読み，記録する．

(2)　結果のまとめ
① 試験片の破断に要したエネルギーを求める．
$E = WR(\cos\beta - \cos\alpha)$
② 試験片の破断部の断面積 A〔cm²〕を計算して，$\dfrac{E}{A}$ により，シャルピー衝撃値 ρ〔J/cm²〕を求める．

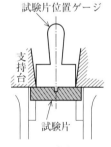

図8・28　試験片の位置

8-2　鋼のシャルピー衝撃試験

鋼（S45C）のシャルピー衝撃試験を行ったとき，ハンマの振上り角度は 100°だった．さらに，この鋼に焼入れをしたところ，ハンマの振上り角度は 115°になった．それぞれのシャルピー衝撃値を求めなさい．

なお，ハンマの質量は 250 N，ハンマの回転中心から重心までの距離は 0.65 m，ハンマのもち上げ角度は 120°，試験片の有効断面積は 0.8 cm² とする．

解答 シャルピー衝撃値 $\rho = \dfrac{E}{A}$

$E = WR(\cos\beta - \cos\alpha)$ 〔J/cm²〕
$W = 250$ N, $R = 0.65$ m, $\alpha = 120°$, $A = 0.8$ cm²

(1) ハンマの振上り角度が 100° のとき（**図 8·29**）

$\beta = 100°$
$E = 250 \times 0.65 \times (\cos 100° - \cos 120°)$
$ = 250 \times 0.65 \times \{-0.174 - (-0.5)\}$
$ = 250 \times 0.65 \times 0.326 = 52.975$
$ ≒ 53.0$

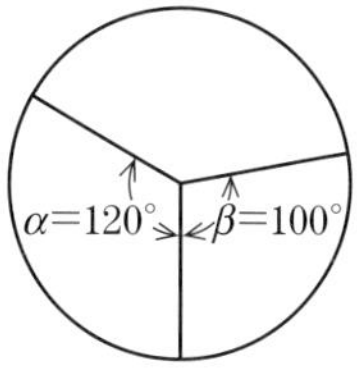

シャルピー衝撃値 $= \dfrac{E}{A} = \dfrac{53.0}{0.8} = 66.3$ 〔J/cm²〕

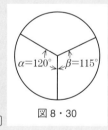

図 8·29

(2) ハンマの振上り角度が 115°（焼入れあり）のとき（**図 8·30**）

$\beta = 115°$
$E = 250 \times 0.65 \times (\cos 115° - \cos 120°)$
$ = 250 \times 0.65 \times \{-0.423 - (-0.5)\}$
$ = 250 \times 0.65 \times 0.077 = 12.512$
$ ≒ 12.5$

シャルピー衝撃値 $\rho = \dfrac{E}{A} = \dfrac{12.5}{0.8} = 15.6$ 〔J/cm²〕

図 8·30

焼入れの主目的は，鋼を硬くすることである．焼入れにより鋼は硬くなるが，この実験のように，シャルピー衝撃値は小さくなることがわかる．すなわち，硬くてもろくなったとみなすことができる．これは，鋼の内部にある炭素を無理に固溶したため，結晶格子がゆがんで，内部に応力が生じたのである．これを改善するために，鋼を適当な温度で再加熱してから急冷する**焼戻**しが行われる．これにより，鋼に粘り強さ（靱性）を回復させることができる．

章末問題

問題 1 材料の機械的性質を知るための試験を分類しなさい．
① 材料に引張力を加えたときに，どれだけの荷重に耐えられるかなどを調べる試験
② 材料に圧縮力を加えたときに，どれだけの荷重に耐えられるかなどを調べる試験
③ 材料にせん断力を加えたときに，どれだけの荷重に耐えられるかなどを調べる試験
④ 材料に曲げ応力を加えたときに，どれだけの荷重に耐えられるかなどを調べる試験
⑤ 材料に長時間同じ応力を加えたときに，どれだけの荷重に耐えられるかなどを調べる試験

問題 2 引張試験において，荷重と伸びとの間に比例関係が成り立たなくなる点を何というか．

問題 3 硬さ試験をその実験方法で 2 つに分類し，具体的な試験の名称を 4 種類答えなさい．

問題 4 シャルピー衝撃値はどのようにして求められるか．

問題 5 延性材料と脆性材料で，シャルピー衝撃値が大きくなるのはどちらか．

問題 6 硬くてもろい材料を，硬くて粘り強い材料にするためには，どのようなことをすればよいか．

第9章

形状の計測

ものづくりにおける形状の計測は，長さだけではない．角度，真直度と平面度，真円度などを計測することで，ものづくりの精度が向上する．また，ねじや歯車などの機械要素を測定する独自の計測器も存在する．本章では，ものづくりに関わる計測について，さらに詳しく学んでいく．

9-1 角度の計測

……… ものづくり 角度を測れば よくできる

① 角度の単位はラジアンである．
② 角度の測定には，直角定規やサインバーなどが用いられる．

❶ 角度の単位

国際単位系（SI 単位系）における角度の単位は**ラジアン**である．また，°（度），′（分），″（秒）も使用されている．角度は円周を分割した中心角，また長さと長さの比として表される．1°（度）とは，円周を 360 等分した弧の中心角の角度という．ラジアンと°（度）の関係は次のように表される．

$$1 \text{ rad} = \frac{360°}{2\pi} = 57.29578° = 57°17′44.8″$$

$$1° = \frac{\pi}{180} \text{ rad} = \frac{1}{57.29578} \text{ rad} = 1.745329 \times 10^{-2} \text{ rad}$$

$$90° = \frac{\pi}{2} \text{ rad}, \quad 180° = \pi \text{ rad}, \quad 360° = 2\pi \text{ rad}$$

❷ 角度の基準

● 1 角度ゲージ

長さ測定においてブロックゲージが使用されるように，角度測定には**角度ゲージ**があり，次のような種類がある．

ヨハンソン式角度ゲージは，約 50×20×1.5 mm（2×3/4×1/16 インチ）の焼入鋼を 85 個または 49 個よりなる 2 個の組合せによって角度をつくることができる（図 9·1）．85 個組は 0～10°，350～360°の範囲では 1°ごと，10～350°の範囲では 1′（分）ごとの角度設定ができる．また，49 個組は，0～10°，350～360°の範囲では 1°ごと，10～350°の範囲では 5′（分）ごとの角度設定ができる．角度ゲージの角度の精度は ±12″（秒）である．

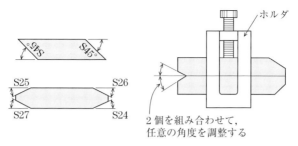

図 9・1　ヨハンソン式角度ゲージ

NPL 式角度ゲージは，くさび形をしたブロックゲージのセットであり，（長さ 39 mm×幅 16 mm）の測定面をもつ焼入鋼を 12 個（1°，3°，9°，27°，41°，1′，3′，9′，27′，6″，18″，30″）から構成される（**図 9・2**）．これらのゲージの組合せによって，6″ とびに 81° までの任意の角を密着によりつくることができる．角度の精度は 2～3″ 秒である．このゲージはヨハンソン式より，測定面が広い．また，加算だけでなく減算での組合せも可能なため，ゲージの個数が少なくてすむという特徴がある．ここで，NPL とは，イギリスの National Physical Laboratory（国立物理学研究所）の略称である．

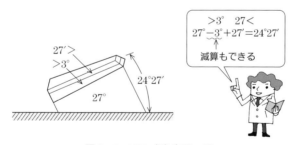

図 9・2　NPL 式角度ゲージ

● 2　ポリゴン鏡

ポリゴン鏡は，側面が光学的に平らな鏡面をもつ金属またはガラス製の多面体であり，各側面のなす角度を標準にする角度標準器である（**図 9・3**）．その形状には 8 面や 12 面などがあり，オートコリメータの補助器具として，角度の割り出し精度の測定などに用いられる．

図9・3 ポリゴン鏡

❸ 角度の計測

● 1 分度器

分度器は，最も身近な角度の測定器である．その種類には製図用具などに入っているプラスチック製のものや，ステンレス製で竿がついているものなどがある（図 **9・4**）．

（a）プラスチック製　　　　　（b）ステンレス製（竿付き）

図9・4　分度器

● 2 直角定規

直角定規は，直角を測定するための定規であり，**スコヤ**ともよばれる．

この定規の精度は，直角度，真直度，平行度などがJISで定められており，その種類や形状は，使用面の形により刃形，I形，平形などがある（図 **9・5**）．

● 3 サインバー

サインバーは，直角三角形の斜辺と高さの比であるサイン（sin）を利用した角度の測定器である．測定面をもつ本体の両側に 2 つのローラが取り付けられており，ローラの中心間距離である長さ l の精度は JIS で厳しく定められている（図 **9・6**）．この長さ l のことを呼び寸法といい，JIS では，100 mm と 200 mm がある．

サインバーの測定原理は次のように説明される．図 **9・7** に示すように，直角三角形の角度 α と辺の関係は次式で表される．

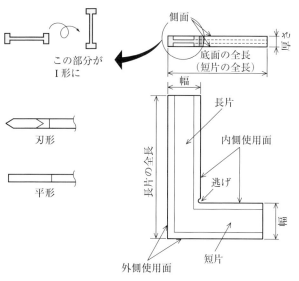

図9・5　Ｉ形直角定規

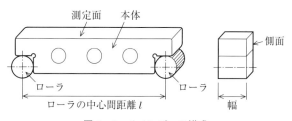

図9・6　サインバーの構成

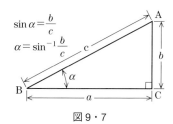

figure: 図9・7

$$\sin\alpha = \frac{b}{c}$$
$$\alpha = \sin^{-1}\frac{b}{c}$$

9-1　角度の計測

$$\sin\alpha = \frac{b}{c}$$

よって，$\alpha = \sin^{-1}\left(\dfrac{b}{c}\right)$ より，角度を求めることができる．

c の長さは 100 mm または 200 mm で精度よくできているので，高さ b を測定することにより，角度を求めることができる．

実際の測定では，高さ b は図 9・8 のようにしてブロックゲージを組み合わせることで，高さ h をつくり出している．

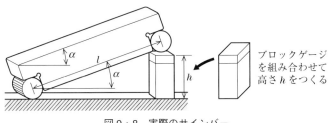

図 9・8　実際のサインバー

 9-1　サインバーを用いて，図 9・9 のような形状をした試料の傾斜角を求めなさい．

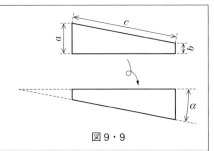

図 9・9

解答　傾斜角の求め方は，次のとおりである（図 9・10）．
① 試料の各部分の長さ a，b，c をノギスで測定する．
② 次式からブロックゲージの高さ h を算出する．

$$\frac{a-b}{c} = \frac{h}{l}, \quad h = \frac{l(a-b)}{c}$$

③ 必要なブロックゲージを組み合わせて，高さ h をつくり，定盤とサインバーの間に入れる．

④ 試料をサインバーの上に置き，上面にダイヤルゲージをあて，両端での読みが等しくなるように合わせる．
⑤ 測定結果をまとめる．

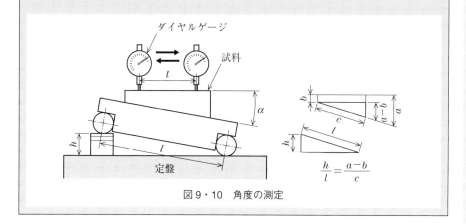

図9・10 角度の測定

サインバーは，45°より大きな角度の設定には誤差が大きくなるので用いられない．45°以上に使われる特殊な形状のサインバーには，**図9・11**のようなものがある．

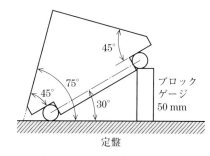

図9・11 45°特殊サインバー

● 4 ローラゲージ

V溝の角度測定には，ころ軸受に用いられるような高精度でつくられた**ローラゲージ**を使用する（**図9・12**）．

求め方
- 2本のローラゲージの直径をあらかじめ把握しておく．
- 2本のローラゲージをV溝の中に入れ，それぞれの高さ H と h を測定し，次式に代入することでV溝の角度を求める．

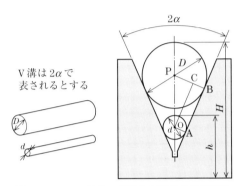

図9・12　ローラゲージによるV溝の角度測定

$\sin\alpha$ の導き方

$$\sin\alpha = \frac{PB - OA}{PO} = \frac{\dfrac{D}{2} - \dfrac{d}{2}}{\left(H - \dfrac{D}{2}\right) - \left(h - \dfrac{d}{2}\right)}$$

$$= \frac{D - d}{(2H - D) - (2h - d)}$$

$$= \frac{D - d}{2(H - h) - (D - d)}$$

この式により求められた α を2倍することにより，V溝の角度を求めることができる．

9-2 形状の計測

デコボコは 定規だけでは 測れない

Point
1. 形状は，真直度・平面度・真円度で決まる．
2. 表面粗さには，最大高さ，十点平均粗さ，中心線平均粗さなどの表し方がある．

❶ 真直度

● 1 真直度の定義

真直度とは，直線部分の幾何学的平面からの狂いの大きさをいう．工作機械の案内面や，定盤の真直度が保証されていなければ，そこでつくられる部品の真直度も保証されないため，ものづくりではとても大切である．

● 2 真直度の表し方

真直度は，その直線が真の直線からどのくらいずれているかを，mm や μm などの長さの単位で表したものである．真直度は次のような 4 種類の表し方がある．

① 1 方向の真直度は，その方向に垂直な幾何学的に正しい平行 2 平面で，その直線をはさんだときに，平行な 2 平面の間隔 f が最小となるときの間隔で表す（**図 9・13**）．

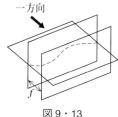

図 9・13

② 互いに直角な 2 方向の真直度は，その 2 方向にそれぞれ垂直な 2 組の平行 2 平面 f_1, f_2 でその直線をはさんだときに，2 組の平行な 2 平面の各々の間隔が最小となる場合の 2 平面の間隔で表す（**図 9・14**）．

③ 円筒の軸線など，方向を定めない場合の真直度は，その直線をはさんだときに，平行 2 平面の間隔 ϕf が最小となる場合の 2 直線の

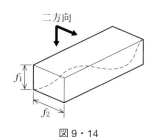

図 9・14

間隔で表す（**図 9・15**）．
④　表面要素としての直線形体の真直度は，幾何学的に平行な 2 平面でその直線をはさんだときに，平行な 2 平面の間隔 f が最小になる場合の 2 直線の間隔で表す（**図 9・16**）．

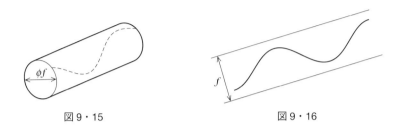

図 9・15　　　　　　　　　　　図 9・16

● 3　真直度の計測

　真直度の簡単な測定として，**直定規**を測定面にあてて，そこから光がもれていないかを見る方法がある（**図 9・17**）．これは，視覚によるものであるため，すき間があるかを知ることはできるが，すき間の寸法を求めることはできない．
　すき間の寸法を測定するには，ダイヤルゲージや電気マイクロメータなどの測定器も用いられる．この方法では，スタンドに取り付けた測定器を定盤の上で移動させながら，被測定物を何か所かに区切って，直線的に測定を行う．

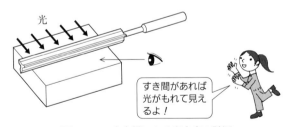

図 9・17　直定規による真直度の計測

　このほか，より精密な測定として，オートコリメータやレーザ干渉計，輪郭形状測定機などを用いて，直線的な測定を行う光学的な計測方法もある．これらのいくつかは，第 2 章「長さの計測」で取り上げている．

❷ 平面度

● 1 平面度の定義

平面度とは，平面部分の幾何学的平面からの狂いの大きさをいう．これは真直度が直線からの狂いの大きさであったのに対して，平面的に広がりをもった場所での狂いの大きさを意味している．

● 2 平面度の表し方

平面度は，平面を幾何学的に平行な 2 平面ではさんだときに，両面の間隔が最小になる場合の，両面の間隔を mm や μm などの長さの単位で表したものである．

例えば，平面度の許容値が 0.05 mm とは，平行な 2 つの平面にはさまれた面の上と下の差が 0.05 mm ということであり，図 **9・18** に示す製図記号で表すことができる．

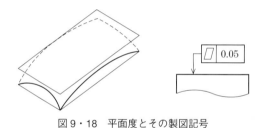

図 9・18　平面度とその製図記号

● 3 平面度の計測

水準器は気泡の移動で角度を測定するものであり，平面度の測定にも用いられる（図 **9・19**）．水準器の感度は，気泡を 1 目盛（普通 2 mm）移動させるのに必要な傾斜量で表す．傾斜量は角度（″）で表す．1″ は 4.08481×10^{-6} ラジアンである．

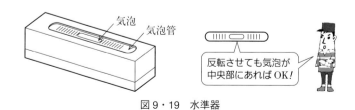

図 9・19　水準器

図 9・20 のように，使用する水準器を定盤において気泡管の目盛を読み，次に水準器の左右を 180°反転させて再び目盛を読む．反転させたときに気泡の位置が等しければ，その水準器はきちんと測定ができている．反転させたときに両者の気泡が同じように移動したならば，定盤の水平が狂っていることになる．また，このとき両者の気泡が離れるようにずれたならば，水準器の水平が狂っていることになる．

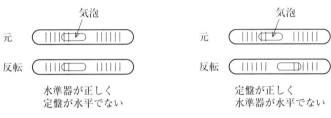

図 9・20 反転させたときに狂った状態の目盛

平面度の計測には，真直度の計測でも述べたような，ダイヤルゲージや電気マイクロメータ，またオートコリメータやオプチカルフラットなどを使用した光学的な方法などによって行われる．

しかし，平面度の測定といっても，多点測定が用いられるため，真直度の測定と変わりない．測定線の取り方は井桁法と対角線法などがある（図 9・21）．

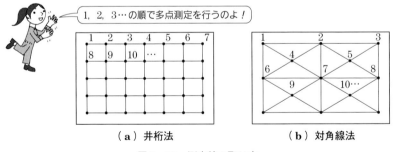

図 9・21 測定線の取り方

なお，オートコリメータやオプチカルフラットなどは，第 2 章「長さの計測」で取り上げている．

❸ 真円度

● 1 真円度の定義

真円度とは，円形部分の幾何学的円からの狂いの大きさをいう．

● 2 真円度の表し方

真円度は，円形形体を同心である 2 つの幾何学的な円ではさんだときに，同心円の間隔が最小となる場合の，2 つの円の半径の差を mm や μm などの長さの単位で表したものである．

例えば，真円度の許容値が 0.02 mm とは，2 つの円にはさまれた半径の差が 0.02 mm ということであり，**図 9・22** に示す製図記号で表すことができる．

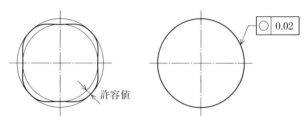

図 9・22 真円度とその製図記号

● 3 真円度の計測

① **真円度測定機**は，被測定物の半径方向の凹凸を測定する装置であり，ボールやシャフトなどの形状評価に用いられる（**図 9・23**）．この測定機は，回転テーブル上に固定した被測定物に対して変位センサである測定子を接触させ，各部の形状データを測定する．この方法は**半径法**といい，JIS でも規定されている．

真円度測定の結果は数値の羅列だけでなく，記録図形によって表される（**図 9・24**）．そのまとめ方の 1 つに，最小領域中心法がある．これは，記録図形に内接する円の半径差が最小になる位置を探す方法である．最近の測定機では，これを自動的に読みとり，図形を自動作成するものもある．

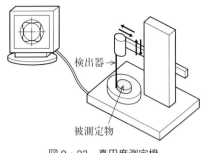
図9・23　真円度測定機

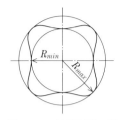
図9・24　記録図形の例

② **直径法**は，ある断面の直径をマイクロメータなどで何点か測定し，その最大値と最小値の差で表す方法である（**図9・25**）．

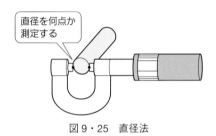
図9・25　直径法

しかし，この方法には，**図9・26**に示すおにぎりのような形状をした等しい直径である**等径ひずみ円**の場合に真円度が検出できないという欠点がある．すなわち，寸法だけでは，機械部品の形状を表す完全な情報は提供できないことがわかる．

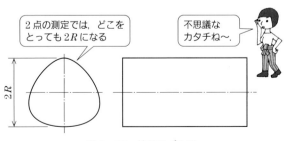
図9・26　等径ひずみ円

③ **三点法**は，Vブロックの上に被測定物を置き，測微器により測定する方法である（**図9・27**）．この方法は，Vブロックの角度によって指示量が変化するため，1つの角度では正しく凹凸を測定することは難しい．

したがって，理論的には被測定物の半径を測定する半径法が適している．

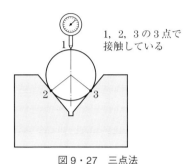

図9・27 三点法

> **COLUMN 三枚合わせ法**
>
> 　平面度の不明な2つの平面A, Bからは，2つの平面度を決めることはできない．ところが，これにさらに未知の平面度の平面Cを加えて，A-B，B-C，C-Aの組合せで，3つのデータをすると，A，B，Cそれぞれの平面度を決定することが原理的にできるようになる．これを**三枚合わせ法**という（**図9・28**）．
>
>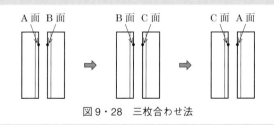
>
> 図9・28 三枚合わせ法
>
> 　ところが，職人は経験と勘だけを頼りに3枚すべてが平面になるように3つの平面をうまく削って高精度の平面を出し，定盤をつくっている．そして，いまだ，職人のつくる最高精度の手作りの平面に機械のつくるものはかなわないのである．

④ 円筒度

● 1　円筒度の定義

円筒度とは，円筒部分の幾何学的円からの狂いの大きさをいう．

● 2　円筒度の表し方

円筒度は，円筒形体を 2 つの幾何学的な円筒ではさんだときに，半径の差が最小となる場合の，2 つの円筒の半径の差を mm や μm などの長さの単位で表したものである．

例えば，円筒度の許容値が 0.05 mm とは，2 つの円にはさまれた半径の差が 0.05 mm ということであり，図 9・29 に示す製図記号で表すことができる．

図 9・29　円筒度とその製図記号

● 3　円筒度の計測

円筒度測定機は，被測定物である円筒の軸方向の凹凸を測定する装置である．円筒度測定の結果は，図 9・30 に示す記録図形によって表される．

このほかには，より現場的なものとして，V ブロックに載せた被測定物の円筒部分の直径をダイヤルゲージなどで何か所か測定する方法がある．

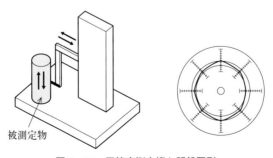

図 9・30　円筒度測定機と記録図形

❺ 表面粗さ

● 1 表面粗さとは

　加工した物体の表面は，ツルツル，ピカピカやザラザラ，デコボコなどの言葉で表現することができる．これを工学的に一般化するためには，これら物体の表面の凹凸（おうとつ）の程度を，人間の感覚的なものではなく，数値的に表しておく必要がある（**図 9・31**）．なぜかというと，加工した部品の表面の凹凸は，最終的な製品の耐久性や気密性，消費エネルギーなどの特性に影響を及ぼすためである．

① 算術平均粗さ（R_a）

　加工表面の凹凸を，表面に対して垂直に切断して拡大してできた**断面曲線**から，所定の波長より長い表面うねりの成分を除いたものを**粗（あら）さ曲線**という．

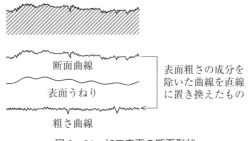

図 9・31　加工表面の断面形状

　算術平均粗さとは，粗さ曲線から基準長さ l を取り出して，偏差の絶対値の平均である平均線で折り返し，それによって得られる斜線部の面積を基準長さで割った数値を，μm で表したものである（**図 9・32**）．

$$R_Z = \frac{|Y_{p1}+Y_{p2}+\cdots+Y_{p5}|}{5} + \frac{|Y_{v1}+Y_{v2}+\cdots+Y_{v5}|}{5}$$

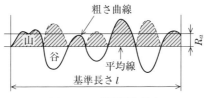

図 9・32　算術平均粗さ

算術平均粗さにおいて，表面うねりの成分を取り除くため，あらかじめカットする波長をカットオフ値といい，これより長い波長，短い波長の成分は除かれる．表面粗さの評価には評価長さを用い，これは**カットオフ値**と同じ値の基準長さの5倍とする．

算術平均粗さは，**表 9・1**のような標準数列で表され，それらに対応するカットオフ値と標準長さが定められている．

表 9・1 算術平均粗さの標準数列

R_a の標準数列 〔mm〕	カットオフ値 〔mm〕	評価長さ 〔mm〕
0.012	0.08	0.4
0.012 0.050 0.100	0.25	1.25
0.20 0.40 0.80 0.160	0.8	4
3.2 6.3	2.5	12.5
12.5 25 50	8	40

備考：標準数列の数値は公比2の数列を示す
（JIS B 0601：2001 による）

② **最大高さ（R_{max}）**

最大高さは，粗さ曲線から基準長さを抜き取り，最大の山と谷の差を粗さ曲線の縦方向で測定し，μm で表したものである（**図 9・33**）．

$$R_{max} = R_p + R_b$$

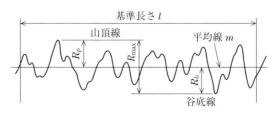

図 9・33 最大高さ

③ 十点平均粗さ（R_z）

十点平均粗さは，粗さ曲線から基準長さを抜き取り，5番目に高い山と5番目に低い谷を通る平行線に平行な2直線の距離を測定し，μm で表したものである（図9・34）．

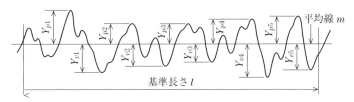

図9・34 十点平均粗さ

2 面の肌の図示方法

物体の面の状態を表す指示記号は，JIS で次のように規定されている（図9・35）．対称面から60°に開いた折れ線を引き，その中に記号と数値を書き込む．算

記号	意　味
∨	除去加工の要否を問わない（60°に開いた長短の折れ線）
▽	除去加工を要する（短線に横線に付加する）
◯	除去加工を許さない，または前加工の状態をそのまま残す（内接する円を付加する）

（a）面の指示記号

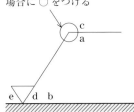

a：通過帯域または基準長さ，表面正常パラメータ
b：複数パラメータが要求されたときの2番目以降のパラメータ
c：加工方法
d：節目とその方向
e：削り代

（b）面の指示記号の配置

図9・35

表面粗さ　　$3.2\,\mu\mathrm{m}R_a$
カットオフ値　$\lambda_c = 2.5$ mm
加工方法　　　フライス削り
筋目方向　　　指示なし

最大高さ $\begin{cases} 上限\,25\,\mu\mathrm{m}R_y \\ 下限\,6.3\,\mu\mathrm{m}R_y \end{cases}$
最大高さ l $\begin{cases} 上限\,2.5\text{ mm} \\ 下限\,0.8\text{ mm} \end{cases}$
加工方法　　　フライス削り
筋目方向　　　⊥

（a）算術平均粗さ R_a での指示　　（b）算術平均粗さ R_a 以外での指示

図9・36　面の指示記号の記入例

術平均粗さ（R_a）では，標準数列から選んだ記号を記入する（**図9・36**）．

指示する標準粗さの値が，カットオフ値の標準値または基準長さの標準に対応する粗さの範囲にあるときには，それらの表示を省略できる．

● 3　表面粗さの計測

触針式測定法は，被測定面に触針を接触させながら移動させたときの上下動を電気的方法や光学的方法で記録するものである（**図9・37**）．触針の材質には耐摩耗性の高いダイヤモンドが用いられており，先端の形状などは JIS で定められている．

近年は非接触式の**光触針**による測定機も登場している．この方式は，触針の摩擦がなくメンテナンスも容易であり，精度も高いという特長がある．一方で，測定物の材質による反射や，表面の凹凸に対して過敏に反応してしまうこともあるため，慎重に取り扱う必要がある．

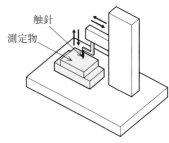

図9・37　触針式測定法

❻ 形状の計測

● 1　万能投影機

万能投影機とは，投影レンズや反射鏡を利用して，測定物を正確な倍率でスクリーン上に拡大投影する測定機であり，測定物の輪郭，表面状態等を二次元的に測定・検査できる（**図9・38**）．

スクリーン有効径は大きなもので 600 mm 程度,倍率は 10 倍から 100 倍のものが多い.

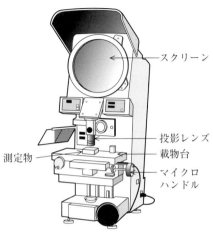

図 9・38　万能投影機

2　三次元測定機

三次元測定機とは,測定機の左右方向を x 軸,前後方向を y 軸,上下方向を z 軸として,物体の寸法や形状を測定するものである(**図 9・39**).多面の測定が精度よくでき,コンピュータを利用してデータの処理や記録ができる.

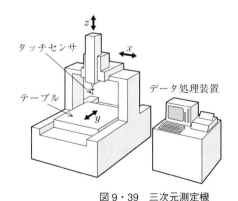

図 9・39　三次元測定機

章末問題

問題 1 長さの計測におけるブロックゲージのように，角度の計測に用いられる角度ゲージにはどのようなものがあるか．

問題 2 サインバーとは，どのような角度の測定器か．

問題 3 V溝の角度測定には，どのようなゲージが用いられるか．

問題 4 真直度の定義を述べなさい．

問題 5 平面度の定義を述べなさい．

問題 6 真円度の定義を述べなさい．

問題 7 三点法の原理と，その短所について説明しなさい．

問題 8 円筒度の定義を述べなさい．

問題 9 代表的な表面粗さを3種類述べなさい．

問題 10 被測定面に触針を接触させながら移動させたときの上下動を電気的に記録する表面粗さの計測法を何というか．

第 10 章

機械要素の計測

　ねじや歯車などの機械要素は，適切な寸法でつくられていなければ，それらの組合せによって動いているさまざまな機械に適切な運動をさせることはできない．それらの機械要素を自分で加工する場合はもちろんだが，カタログを読んで規格品を入手する場合でも，それらの寸法が適切であるかを測定できるようにしておくことは大事である．ここでは，これらの機械要素に関する基礎事項を振り返るとともに，計測法について学んでいく．

10-1 ねじの計測

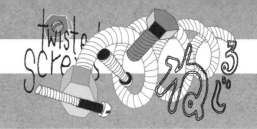

……………… 機械が動くため きちんと測ろう ねじの寸法

① ねじの直径の表し方には，外径，内径，有効径などがある．
② ねじの有効径の計測には，三針法や各種ゲージが用いられる．

1 ねじの基礎

ねじは物体の締結や運動の伝達，また計測器の調整などに幅広く用いられている代表的な機械要素である．

ねじの直径の表し方には，外径，内径，有効径などがある（図 **10·1**）．**有効径**とは，軸方向におけるねじ溝の幅がねじ山の幅に等しくなるような仮想的な円筒の直径である．また，ねじの**ピッチ**とは，互いに隣りあうねじ山の距離のことをいう．ねじは外径を選択の基準寸法にすることが多いが，その正しいはめ合いを考えるときには，有効径やピッチなどが重要となる．

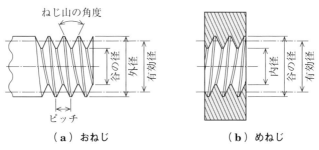

(a) おねじ　　　(b) めねじ

図 10·1　ねじの各部の名称

ねじの種類には，一般的に用いられている**メートル並目ねじ**（図 **10·2** (a)）に代表される**三角ねじ**，また，主に動力や運動の伝達用に用いられる**角ねじ**や**台形ねじ**，電球の口金など着脱のしやすさが求められる場所に用いられる**丸ねじ**などがある（図 10·2 (b)）．

機械部品の組立てには，締結用として**ボルト**と**ナット**が用いられる．図 10·2

(c)に示す**六角ボルトと六角ナット**がその代表である．また，**小ねじ**はメートル並目ねじと定められており，**十字穴付小ねじ**がその代表である（図10・2 (d)）．雌ねじ加工をしたものか，ナットにより締結する．

小ねじは，締め付けトルクが小さくてすみ，繰り返し使用できるという特徴がある．なお，頭部の形状はなべ・丸皿・皿などの種類がある．

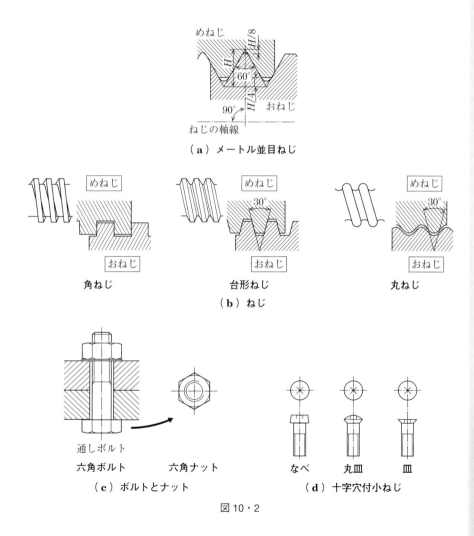

図10・2

❷ ねじの計測

● 1 外側マイクロメータ

外側マイクロメータを用いることで，ねじの外径を測定できる（図 10・3）。

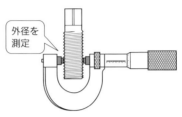

図 10・3 外側マイクロメータ

● 2 ねじマイクロメータ

ねじマイクロメータは，ねじの有効径の測定に用いられる専用のマイクロメータである（図 10・4）。

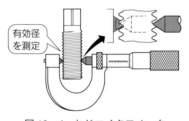

図 10・4 ねじマイクロメータ

● 3 ピッチゲージ

ピッチゲージは，ギザギザ状になっている各種のネジ山を束ねたものであり，適切なものを選んで使用する（図 10・5）。

図 10・5 ピッチゲージ

● **4 三針法**

おねじの有効径の測定には，高精度で同じ直径のゲージ部をもつ3本の針を1組とした**三針法**が用いられる．

測定方法は，次に示すとおりである．
(1) 3本の針をおねじの溝に接触させる（**図10・6**）．

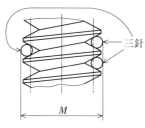

図10・6 三針のはさみ方

(2) マイクロメータで三針をはさみ，外側の寸法 M を測定する（**図10・7**）．

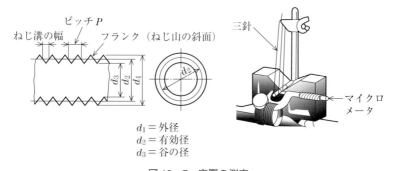

$d_1 =$ 外径
$d_2 =$ 有効径
$d_3 =$ 谷の径

図10・7 実際の測定

(3) 測定した値を次の式に代入して計算し，おねじの有効径を求める．
$$d_2 = M - 3d + 0.866P$$
ここで M は測定値，d は三針の直径，P はねじのピッチである．
なお，この数式はねじ山の角度が60°のときに適用される．
(4) この測定をねじの先部，中央部，元部について，それぞれ試料を90°回転させた場合についても行う．
(5) 結果を整理して，誤差があった場合にはその原因を考察する．

● 5　工具顕微鏡

　工具顕微鏡にねじを取り付け，マイクロメータでねじの外径や有効径，ピッチなどを測定する方法もある（**図10・8**）．この光学的な測定法は，形状を拡大できるため，ねじの外形や谷径，有効径の測定はもちろん，ピッチやねじ山の角度測定などに利用される（**図10・9**）．

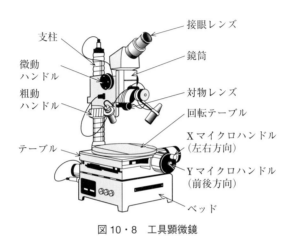

図10・8　工具顕微鏡

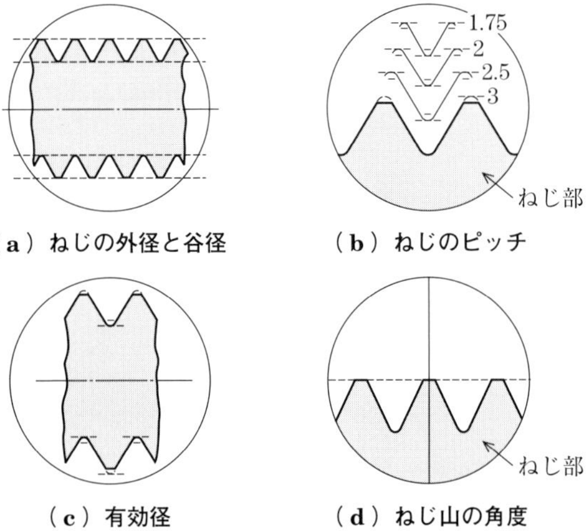

（a）ねじの外径と谷径　　（b）ねじのピッチ

（c）有効径　　（d）ねじ山の角度

図10・9　測定例

● 6　ねじゲージ

ねじゲージには，標準ねじゲージや限界式ねじゲージなどがある．これらは，短時間でねじ山の検査を行う方法として，幅広く利用される．

標準ねじゲージは，ねじの基準山形および基準寸法でつくられた，ねじプラグゲージとねじリングゲージとが精密にはまり合う1組のゲージであり，ゲージをはめ合せて通り抜ける度合いによってねじ部品を検査するために使用される（図10・10）．

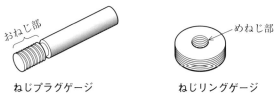

図10・10　標準ねじゲージ

限界式ねじゲージは，「通り」「止まり」の2つの寸法差をもつねじによって，ねじ部品のあらかじめ定められた寸法精度の上限と下限で検査するゲージであり，ねじの寸法精度を管理し，ねじの互換性を確保するために使用される（図10・11）．

図10・11　限界式ねじゲージ

通り側のゲージは，おねじとめねじの互換性を検査する．これに対して，止まり側のゲージは，ねじ山の角度やピッチを検査する．

10-2

歯車の計測

機械が動くため きちんと測ろう 歯車の寸法

Point
1. 歯車がかみ合うためには，ピッチ円やモジュールが重要となる．
2. 歯車の計測には，またぎ歯厚法やオーバピン法などがある．

1 歯車の基礎

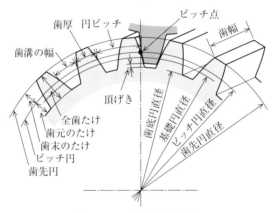

図 10・12　歯車各部の名称

　歯車と歯車がかみ合う点を**ピッチ点**といい，これを結んだものを**ピッチ円**という．また，歯の先端を結んだものを**歯先円**，歯の根元を結んだものを**歯底円**という（**図 10・12**）．ピッチ円の直径 d〔mm〕を歯数 z〔枚〕で割ったものを**モジュール**という（**図 10・13**）．歯車は互いの歯形が等しければかみ合う．かみ合う歯車はモジュール m が等しい．

モジュール 0.5　　モジュール 1　　モジュール 2　　モジュール 3

図 10・13　モジュール

$$\text{モジュール } m = \frac{d}{z}$$

等しいモジュールの歯車でも，その形状や中心間距離などに誤差が生じると，騒音や振動が発生して，機械全体の破損につながる事故を引き起こす原因にもなる．そのため，歯車の寸法管理や形状検査が重要となり，それらの正しい測定が必要となる．

歯車がなめらかにかみ合うために，さまざまな歯車曲線が研究されてきた．現在の JIS では，加工方法がシンプルで生産性が高く，中心距離の変動に強く，荷重の伝達方向が一定などの特性をもつ**インボリュート曲線**を採用している（図 10・14）．インボリュート曲線とは，円周に沿って巻いてある糸の先を動かしていくときに，先端部が描く曲線のことである．

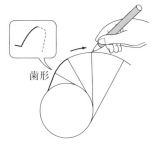

図 10・14　インボリュート曲線

歯車には，さまざまな種類がある．

① **2 軸が平行な歯車**（図 10・15）

平歯車は歯すじが軸に平行である一般な歯車であり，動力伝達用としてもっとも多く用いられている．**はすば歯車**は平歯車よりも強く，騒音や振動が小さい歯車である．**ラック**は平歯車を平面状にしたものである．これは，比較的小さな歯車である**ピニオン**とともに用いられ，回転運動と直線運動の変換ができる．

（a）平歯車

（b）はすば歯車

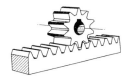
（c）ラックとピニオン

図 10・15　2 軸が平行な歯車

② **2 軸が交わる歯車**（図 10・16）

かさ歯車には，歯すじがピッチ円すい母線と一致する**すぐばかさ歯車**と，歯すじがねじれている**まがりばかさ歯車**がある．

（a）すぐばかさ歯車　　（b）まがりばかさ歯車

図 10・16　2 軸が交わる歯車

❷ 歯車の計測

● 1　またぎ歯厚法

またぎ歯厚法は，歯厚マイクロメータを用いた簡単な測定法であるため，幅広く用いられている（図 10・17）．この方法は，歯厚マイクロメータで z_m 枚の歯をまたいで測定し，そのときの測定値を理論値と比較して歯車の形状を検査する．

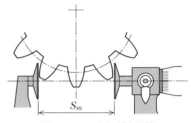

図 10・17　またぎ歯厚法

またぎ歯厚法による測定法を，次に示す（図 10・18）．

（1）測定する歯車のモジュール m，歯数 z，圧力角 α を調べ，またぎ歯数 z_m，またぎ歯厚の理論値 S_m を求める．

またぎ歯厚（S_m）の算出式：
$$S_m = m \cos \alpha_0 \{\pi(z_m - 0.5) + z \operatorname{inv} \alpha_0 + 2Xm \sin \alpha_0$$

またぎ歯厚（z_m）の算出式：
$$z_m' = z \cdot K(f) + 0.5 \quad (z_m は z_m' に最も近い整数とする)$$

ここで $K(f) = \dfrac{1}{\pi} \{\sec \alpha_0 \sqrt{(1+2f)^2 - \cos^2 \alpha_0} - \operatorname{inv} \alpha_0 - 2f \tan \alpha_0\}$

ただし $f = \dfrac{X}{z}$

- m：モジュール
- α_0：圧力角
- z：歯数
- X：転位係数
- S_m：またぎ歯厚
- z_m：またぎ歯数

$\operatorname{inv} 20° \fallingdotseq 0.014904$
$\operatorname{inv} 14.5° \fallingdotseq 0.0055448$

図 10・18

(2) 歯車の全円周のうち3～5か所を適当に選んで測定し,その平均値を測定値とする.

(3) 測定結果を整理して,またぎ歯厚の測定値 S'_m と理論値 S_m の差を求める.そして,誤差があった場合にはその原因を考察する.

● 2 オーバピン法

 オーバピン法は,歯溝にピンまたは玉を入れて,その外側寸法をマイクロメータなどで測定する方法である(**図10・19**).このとき測定した外側寸法のことを**オーバピン径**という.偶数歯であれば相対する歯溝,奇数歯であれば $180/z°$ だけ偏った歯溝を測定する.この方法は直接に歯厚を測定するものではないが,オーバピン径と歯厚の間には一定の関係があるため,計算によって歯厚を求めることができる.

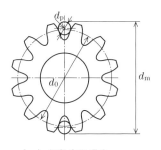 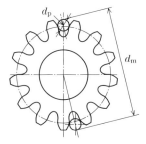

(a) 偶数歯の場合 　　(b) 奇数歯の場合

図10・19　オーバピン法

● 3 弦歯厚法

 弦歯厚法は,歯車の歯先円を基準として,ピッチ円上の円弧歯厚や歯厚の半角,弦歯厚,弦歯たけなどを,歯形ノギスにより測定するものである(**図10・20**).

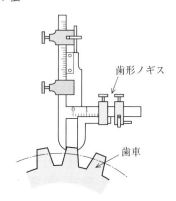

図10・20　弦歯厚法

章末問題

問題 1 ねじのピッチとは何か．

問題 2 ねじの有効径とは何か．

問題 3 ねじの計測には，どんなマイクロメータが用いられるか．

問題 4 高精度で同じ直径のゲージ部をもつ3本の針によって，おねじの有効径を求める方法を何というか．

問題 5 限界式ねじゲージが2つで一式になっているのはなぜか．

問題 6 歯車のモジュールとは何か．

問題 7 歯車がなめらかにかみ合うための曲線を何というか．

問題 8 またぎ歯厚法について説明しなさい．

問題 9 オーバピン法について説明しなさい．

問題 10 弦歯厚法について説明しなさい．

章末問題の解答

第1章

問題1
長さ：メートル〔m〕，質量：キログラム〔kg〕，
時間：秒〔s〕，電流：アンペア〔A〕，
熱力学温度：ケルビン〔K〕，物質量：モル〔mol〕，
光度：カンデラ〔cd〕

問題2 ニュートン〔N〕は，$m \cdot kg \cdot s^{-2}$

問題3 ジュール〔J〕は，$N \cdot m = m^2 \cdot kg \cdot s^{-2}$

問題4
G（ギガ）は，10^9
M（メガ）は，10^6
μ（マイクロ）は，10^{-6}
n（ナノ）は，10^{-9}

問題5
$$誤差 = 測定値 - 真の値$$
$$誤差率 = \frac{誤差}{真の値}$$

問題6 系統誤差．さらに理論誤差，計測器の固有誤差，個人誤差に分類できる．

問題7 どちらもかたよりが小さいため精密さはよいが，図Bのほうが真の値からのばらつきが大きいため，正確さは悪い．

問題 8 　感　度 $= \dfrac{\text{指示量の変化}}{\text{測定量の変化}}$

問題 9 　精度のよい測定を行うためには，感度の良い計測器を用いる必要があるが，その逆は成り立たない．

問題 10 　計測器は，その測定結果が同じ基準に基づいている必要があり，国家が維持・管理している標準に対して，トレーサビリティが確立していなければならない．

問題 11 　ディジタル方式は，測定値の収集が容易であること，コンピュータなどと接続して測定値の記憶・演算・伝送などが容易であることなどの特徴がある．

問題 12 　AD 変換

問題 13 　(1) 6.28　　(2) 0.0791
　　　　　　(3) 331　　(4) 1.47×10^5

(4) は，有効数字の最終桁は千の位の 7 であるため，ここで切り，残りは $\times 10^5$ という表記をする．

第 2 章

問題 1 光が不変性，再現性，永久性などの面で優れているため．

問題 2 線度器，端度器

問題 3 下の桁が 0.005 なので，まず 1.005 を選ぶ．
　　　18.725 − 1.005 = 17.72
　下の桁が 0.002 なので，次に 1.22 を選ぶと残りが 16.5 となり，この大きさのブロックはあるので，3 個のブロックで寸法をつくることができる．
　　　17.72 − 1.22 = 16.5
　1.005　1.22　16.5　の 3 個を組み合わせる．

問題 4 ノギス

問題 5 マイクロメータ

問題 6 オプチカルフラット

問題 7 ① 励起状態，② 自然放出，③ 誘導放出，④ 光の増幅

問題 8 レーザは他の光源と比較して，指向性，可干渉性において，格段にすぐれているため．

問題 9 空気マイクロメータ

問題 10 20°C，23°C，25°C　など

問題 11 接触面が平面と球面，平面と円筒，球面と球面かによって，材質が鋼の場合の近寄量を求めることができるようになっている．

問題 12 ベッセル点とは，標準尺のように，中立面上に目盛のある線度器を

支持するとき，目盛間の距離の誤差が最小となる支点の位置である．エヤリ点とは，ブロックゲージのように両端が平行のゲージを水平に支持するとき，両端面が鉛直になる支点の位置である．

問題 13 ヒステリシス差とは，ある量 X の変化に対して別の量 Y の変化が対応しているとき，X が増加するときの Y の関係と，X が減少するときの Y の関係が異なることによる差のことである．例えば，ねじや歯車のバックラッシがある．

問題 14 イ

第3章

問題1 質量の単位は kg，力の単位は N である．

問題2 国際キログラム原器

問題3 1 N とは，1 kg の質量の物体に 1 m/s^2 の力を生じさせる力のことである．

問題4 ばねばかりは，質量ではなく，重量を測定していることになる．これには場所によって値が異なる重力加速度を含んでいるので，ばねばかりはてんびんほどの精度は出せないことになる．

問題5 コンベヤスケール，ホッパースケール

問題6 ひずみゲージは，導体または半導体に力を加えたときに発生するひずみを電気抵抗値に変換して測定するものである．ひずみは長さの変化量のことであるから，フックの法則により，ひずみ量にその材料の弾性係数をかけることにより，応力を求めることができる．

問題7 動力は，単位時間あたりに行う仕事（エネルギー）のことであり，単位はワット〔W〕（1 W＝1 J/s）である．

問題8 $P = \dfrac{2\pi}{60} \cdot n \cdot T$ 〔W〕

問題9 動力計とは，トルクを測定する装置であるといえる．

問題10 プロニー動力計

第 4 章

問題 1 絶対圧は絶対真空を基準としたもの，ゲージ圧は大気圧を基準としたものである．

問題 2 101.3 kPa

問題 3 0.5 MPa ＝ 500 kPa より，
　　　絶対圧 ＝ ゲージ圧＋大気圧 ＝ 500＋101.3 ＝ 601.3 kPa
　　　　　　＝ 0.6 MPa

問題 4 圧力 $p = \rho g h$ より，$p = 1\,000 \times 9.8 \times 10 = 98 \times 10^3 = 98$ kPa

問題 5 ブルドン管式圧力計を代表とする弾性式圧力計のほうが高圧を計測できる．

問題 6 ダイヤフラム式圧力計

問題 7 ベローズ式圧力計

問題 8 JIS では，真空とは大気圧より低い空間の状態であると規定されている．

問題 9 マクラウド真空計

問題 10 半導体・電子部品，CD や DVD などの薄膜形成・加工装置など．

第 5 章

問題 1 秒〔s〕

問題 2 原子の振動

問題 3 兵庫県・明石天文台（東経 135 度）

問題 4 日時計，水時計

問題 5 $T = 2\pi\sqrt{\dfrac{l}{g}}$ 〔s〕

問題 6 水晶振動子

問題 7 時間情報がある標準電波を時計に内蔵された高性能のアンテナで受信して，誤差を自動修正する機能をもつ時計のこと．

問題 8 機械の回転速度の多くは，1 分間の回転数で表される．その単位は〔$\min^{-1}$〕または〔rpm〕である．

問題 9 ハスラー回転計，電子式計数回転計

問題 10 測定物に非接触で測定が行えるため，トルクが小さい回転でも正確に測定できる．最高 30 000 rpm 程度までの測定が可能である．

第 6 章

問題 1 熱はエネルギーの移動形態の1つであり，温度はその度合いを数量で表したものである．

問題 2 熱力学温度【単位：K】，セ氏温度【単位：℃】，カ氏温度【単位：F】

問題 3 熱膨張

問題 4 熱膨張率の異なる2種類の金属板を貼り合わせて，温度変化による曲がり方の変化の違いを利用したもの．

問題 5 異なる材料の2本の金属線を接続して1つの回路（熱電対）をつくり，2つの接点に温度差を与えると，回路に電圧が発生するゼーベック効果とよばれる現象を利用したもの．

問題 6 サーミスタとは，温度の変化につれてその抵抗値がきわめて大きく変化する抵抗体であり，温度の上昇に対して抵抗が減少する NTC サーミスタや，温度の上昇に対して抵抗が増大する PTC サーミスタなどの種類がある．

問題 7 測定しようとする物体の輝度と光高温計のフィラメントの輝度を合わせて，このとき流れる電流から温度を求めるもの．

問題 8 物体から放射される可視光線の強さを測定して温度を測定をするもの．

問題 9 絶対湿度は，単位体積あたりの気体に含まれている水蒸気の質量で表したもの．相対湿度は，気体の絶対温度と，それと同じ温度において水蒸気が飽和している気体の絶対湿度との比であり，百分率〔%〕で表したもの．

問題 10 毛髪湿度計，乾湿球湿度計，露点計などから2つ．

問題 11 $F = \dfrac{9}{5}t + 32 = \dfrac{9}{5} \times 40 + 32 = 104°F$

問題 12 $t = \dfrac{5}{9}(F-32) = \dfrac{5}{9}(100-32) = 37.8°C$

第 7 章

問題 1 密度とは，単位体積あたりの質量のことである．

問題 2 比重とは，標準 1.0 気圧における水の最大密度（4℃）に対する比のことである．

問題 3 オリフィス，ノズル，ベンチュリから 2 つ．

問題 4 面積流量計

問題 5 コイルに電流を流して管内に磁界をつくり，その中を流れる液体の導電率にしたがって発生する起電力の大きさを検出して流量を測定する原理である．

問題 6 ピトー管

問題 7 液面の下から上に向けて針をもち上げていき，液面に突き出る瞬間の表面張力の変化をとらえて測定する原理である．

問題 8 ロータにはたらく粘性抵抗による回転円筒粘度計と，液体が細管を一定量流れ落ちる時間を測定する細管粘度計．

問題 9 流体の各粒子が規則正しく並んでいる流れを層流という．これに対して，流体の各粒子が不規則に並んでいる流れを乱流という．

問題 10 臨界レイノルズ数といい，約 2 320 の値をとる．

第8章

問題 1 ①引張試験　②圧縮試験　③せん断試験
　　　　　④曲げ試験　⑤クリープ試験

問題 2 降伏点

問題 3
反発式：ショア試験
圧入式：ビッカース試験，ブリネル試験，ロックウェル試験

問題 4 シャルピー衝撃値 $= \dfrac{切断に要したエネルギー}{試験片の切欠部の原断面積}$

問題 5 延性材料

問題 6 焼入れと焼戻しなどの熱処理．

第 9 章

問題 1 ヨハンソン式角度ゲージ，NPL 式角度ゲージ

問題 2 サインバーは，直角三角形の斜辺と高さの比であるサイン（sin）を利用した角度の測定器である．

問題 3 ローラゲージ

問題 4 真直度とは，直線部分の幾何学的平面からの狂いの大きさをいう．

問題 5 平面度とは，平面部分の幾何学的平面からの狂いの大きさをいう．

問題 6 真円度とは，円形部分の幾何学的円からの狂いの大きさをいう．

問題 7 三点法は，V ブロックの上に被測定物を置き，測微器により測定する方法である．この方法は V ブロックの角度によって，指示量が変化するため，1 つの角度では正しく凹凸を測定することは難しい．

問題 8 円筒度とは，円筒部分の幾何学的円からの狂いの大きさをいう．

問題 9 算術平均粗さ，最大高さ，十点平均粗さ

問題 10 触針式測定法

第 10 章

問題 1 ピッチとは,互いに隣りあうねじ山の距離のことである.

問題 2 有効径とは,軸方向におけるねじ溝の幅がねじ山の幅に等しくなるような仮想的な円筒の直径である.

問題 3 外側マイクロメータ,ねじマイクロメータ

問題 4 三針法

問題 5 通り側と止まり側の2種類を用いて,定められた寸法精度の上限と下限を検査するため.

問題 6 歯車の直径を d,歯数を z としたときに,$d = mz$ で表される m のことをモジュールという.歯車がかみ合うためには,互いのモジュールが等しい必要がある.

問題 7 インボリュート曲線

問題 8 またぎ歯厚法とは,歯厚マイクロメータで何枚かの歯をまたいで測定し,そのときの測定値を理論値と比較して歯車の形状を検査する方法である.

問題 9 オーバピン法とは,歯溝にピンまたは玉を入れて,その外側寸法をマイクロメータなどで測定する方法である.

問題 10 弦歯厚法とは,歯車の歯先円を基準としてピッチ円上の円弧歯厚や歯厚の半角,弦歯厚,弦歯たけなどを,歯形ノギスにより測定するものである.

索　引

■ア　行

圧縮試験 …………………………… 114, 120
圧　力 ……………………………………… 64
アナログ方式 ……………………………… 13
粗さ曲線 ………………………………… 145

インダクタンス …………………………… 40
インチ ……………………………………… 25
インボリュート曲線 …………………… 159

上皿ばねばかり …………………………… 55

液柱温度計 ………………………………… 90
液柱差真空計 ……………………………… 70
液柱式圧力計 ……………………………… 66
液　面 ……………………………………… 99
エヤリ点 …………………………………… 44
遠心式回転計 ……………………………… 82
塩水速度法 ……………………………… 105
円筒度 …………………………………… 144
円筒度測定機 …………………………… 144

オストワルド粘度計 …………………… 109
オートコリメータ ………………………… 31
オプチカルフラット ……………………… 32
オプチメータ ……………………………… 30
オリフィス ……………………………… 102
温　度 ……………………………………… 88

■カ　行

回転円筒粘度計 ………………………… 108
回転計 ……………………………………… 82
回転速度 …………………………………… 83
角　度 …………………………………… 130
角度ゲージ ……………………………… 130
かさ歯車 ………………………………… 159
力氏温度 …………………………………… 89
硬さ試験 ………………………… 115, 121
かたより …………………………………… 10
カットオフ値 …………………………… 146
カップ・アンド・コーン ……………… 120
可動鉄片式 ………………………………… 40
乾湿球湿度計 ……………………………… 95
感度 ………………………………………… 11

基本単位 …………………………………… 5
吸収動力計 ………………………………… 60
鏡面式露点計 ……………………………… 95
金属組織試験 …………………………… 116

空気マイクロメータ ……………………… 36
偶然誤差 …………………………………… 9
クオーツ …………………………………… 78
組立単位 …………………………………… 5
繰返し試験 ……………………………… 115
クリープ試験 …………………………… 115

傾斜圧力計 ………………………………… 67
計数式回転計 ……………………………… 83
計　測 ……………………………………… 2

計　測（圧力の──） ……………………… 66
　　　（液面の──） ……………………… 107
　　　（温度の──） ……………………… 90
　　　（回転速度の──） ……………… 82
　　　（角度の──） ……………………… 130
　　　（形状の──） ……………………… 137
　　　（時間の──） ……………………… 74
　　　（湿度の──） ……………………… 94
　　　（質量の──） ……………………… 52
　　　（真空の──） ……………………… 70
　　　（層流の──） ……………………… 110
　　　（力の──） ………………………… 58
　　　（動力の──） ……………………… 60
　　　（長さの──） ……………………… 22
　　　（ねじの──） ……………………… 152
　　　（粘度の──） ……………………… 108
　　　（歯車の──） ……………………… 160
　　　（比重の──） ……………………… 101
　　　（密度の──） ……………………… 100
　　　（乱流の──） ……………………… 110
　　　（流速の──） ……………………… 105
　　　（流体の──） ……………………… 100
　　　（流量の──） ……………………… 102
計測器
　　　──の感度 ………………………… 11
　　　──の構成 ………………………… 12
　　　──の精度 ………………………… 10
計測工学 …………………………………… 3
系統誤差 …………………………………… 9
経年変化 …………………………………… 90
ゲージ圧 …………………………………… 64
ゲージ率 …………………………………… 59
限界式ねじゲージ ………………………… 157
原子周波数標準器 ………………………… 75
原子時計 ………………………………… 75, 79
検出部 ……………………………………… 12

光学的計測 ………………………………… 30
工業計測 …………………………………… 3
工業用はかり ……………………………… 56
工具顕微鏡 ………………………………… 156
光速基準 …………………………………… 20
光波干渉 …………………………………… 32
光波基準 …………………………………… 20
互換性 ……………………………………… 3
国際キログラム原器 ……………………… 50
国際単位系 ………………………………… 5
国際標準化機構 …………………………… 5
国際メートル原器 ………………………… 20
誤　差 ……………………………………… 8
　　　（弾性変形による──） …………… 42
　　　（熱膨張による──） ……………… 42
誤差率 ……………………………………… 8
個人誤差 …………………………………… 9
固有誤差 …………………………………… 9
コンベヤスケール ………………………… 56

■サ　行
差圧流量計 ………………………………… 102
細管粘度計 ………………………………… 109
最大高さ …………………………………… 146
材料試験 …………………………………… 117
材料強さ …………………………………… 114
サインバー ………………………………… 132
差動変圧式 ………………………………… 41
サーミスタ ………………………………… 92
サーモスタット …………………………… 91
三次元測定機 ……………………………… 149
算術平均粗さ ……………………………… 145
三針法 ……………………………………… 155
三点法 ……………………………………… 143
三点曲げ試験 ……………………………… 120
サンプリングレート ……………………… 13
三枚合わせ法 ……………………………… 143

時　間	74
時間遅れ	90
自己インダクタンス	40
時　刻	74
仕事率	60
自己誘導起電力	40
視　差	45
自重による変形	43
十点平均粗さ	147
湿　度	94
質　量	50
シャルピー衝撃試験	124
シャルピー衝撃値	124
受信部	12
ショア硬さ試験	123
衝撃試験	115, 124
触針式測定法	148
真円度	141
真円度測定機	141
真　空	70
真直度	137

水　圧	65
水準器	139
水晶時計	78
すぐばかさ歯車	159
スコヤ	132
ストップウォッチ	79
ストロボスコープ	84
滑り抵抗器	39
滑り摩擦	45

正確さ	10
静電容量液面計	108
精　度	11
製品検査	38
セイボルト粘度計	109
精密さ	10
赤外線温度計	93
セ氏温度	89
接触ひずみ	43

絶対圧	64
絶対湿度	94
絶対零度	88
接頭語	7
ゼーベック効果	91
セルシウス度	89
せん断試験	114
線度器	21

相互インダクタンス	40
相対湿度	94
層　流	99, 110
測温抵抗体	92
測　定	2
測定誤差	42
外側マイクロメータ	154

■タ 行

大気圧	65
台ばかり	54
大名時計	81
ダイヤフラム式圧力計	68
ダイヤルゲージ	27
脱進機	77
単　位	2
弾性検査器	58
弾性式圧力計	68
端度器	21
断面曲線	145

超音波	104
超音波液面計	108
超音波探傷試験	116
超音波流量計	104
直　尺	22
直定規	138
直角定規	132
直径法	142

抵抗温度計	92
ディジタル方式	13
定時法	76
デプスゲージ	30
電位差計	39
電気式回転計	84
電気的計測	38
電子式計数回転計	83
電磁流量計	104
伝達部	12
伝達動力計	61
電波時計	79
天びん	52
テンプ	78
等径ひずみ円	142
動　力	60
時　計	76
トラックスケール	54
トレーサビリティ	11

■ナ　行

ナイフエッジ	45
長　さ	20
ナット	152
二次基準	21
二重秤量法	53
日本工業規格	2
日本標準時	75
ニュートン	51
ね　じ	152
ねじゲージ	157
ねじマイクロメータ	154
ねじり試験	115
ねじり動力計	61
熱	88
熱線風速計	107
熱電対	91
熱放射温度計	93

熱力学温度	89
粘　度	99
ノギス	22
ノズル	102

■ハ　行

背圧式空気マイクロメータ	37
ハイトゲージ	29
バイメタル温度計	90
歯　車	158
箱形圧力計	67
歯先円	158
パスカル	64
はすば歯車	159
ハスラー回転計	83
歯底円	158
白金測温抵抗体	92
バックラッシ	44
バーニア	23
羽根車流量計	103
ばねばかり	54
ばらつき	10
半径法	141
万能投影機	149
光高温計	93
光触針	148
光てこ	30
比　重	98
比重計	101
ヒステリシス差	44
ヒステリシスループ	44
ひずみゲージ	58
ビッカース硬さ試験	121
ピッチ	152
ピッチ円	158
ピッチゲージ	154
ピッチ点	158
引張試験	114, 117
ピトー管	106

日時計 ……………………………… 76	
ピニオン ……………………………… 159	
ピボット軸受 ………………………… 45	
標準温度 ……………………………… 42	
標準ねじゲージ ……………………… 157	
標本化 ………………………………… 13	
表面粗さ ……………………………… 145	
平歯車 ………………………………… 159	

風車式風速計 ………………………… 105	
風洞実験 ……………………………… 111	
副 尺 ………………………………… 23	
浮 子 ………………………………… 105	
フックゲージ ………………………… 107	
不定時法 ……………………………… 76	
振り子時計 …………………………… 76	
振り子の等時性 ……………………… 76	
ブリネル硬さ試験 …………………… 122	
ブルドン管式圧力計 ………………… 68	
ブロックゲージ ……………………… 21	
フロート形液面計 …………………… 107	
プロニー動力計 ……………………… 60	
分度器 ………………………………… 132	

平面度 ………………………………… 139	
ベッセル点 …………………………… 43	
ベローズ式圧力計 …………………… 69	
偏位法 ………………………………… 52	
変換器 ………………………………… 12	
ベンチュリ …………………………… 103	
ヘンリー ……………………………… 40	

飽 和 ………………………………… 94	
飽和水蒸気量 ………………………… 94	
補助単位 ……………………………… 5	
ホッパースケール …………………… 56	
ポリゴン鏡 …………………………… 131	
ボルト ………………………………… 152	
ホログラフィ ………………………… 35	

■マ 行

マイクロメータ ……………………… 26
マイケルソン干渉計 ………………… 35
まがりばかさ歯車 …………………… 159
巻 尺 ………………………………… 22
マクラウド真空計 …………………… 71
曲げ試験 ……………………… 115, 120
まちがい ……………………………… 9

水動力計 ……………………………… 61
水時計 ………………………………… 76
密 度 ………………………………… 98

メートル並目ねじ …………………… 152
面積流量計 …………………………… 103

毛髪湿度計 …………………………… 94
モジュール …………………………… 158

■ヤ 行

焼入れ ………………………………… 127
焼戻し ………………………………… 127

有効径 ………………………………… 152
有効数字 ……………………………… 14
ユンカース水動力計 ………………… 61

翼車式流速計 ………………………… 106
ヨハンソン式角度ゲージ …………… 130
四点曲げ試験 ………………………… 120

■ラ 行

ラジアン ……………………………… 130
ラック ………………………………… 159
乱 流 …………………………… 99, 110

流　速 ……………………………………… 99
流　量 ……………………………………… 98
流量式空気マイクロメータ ……………… 36
理論誤差 …………………………………… 9
臨界レイノルズ数 ……………………… 111

零位法 ……………………………………… 52
レイノルズ数 …………………………… 99, 110
レーザ ……………………………………… 33
レーザ干渉測長機 ………………………… 35
レッドウッド粘度計 …………………… 109

ロックウェル硬さ試験 ………………… 123
露　点 ……………………………………… 95
露点計 ……………………………………… 95
ロビンソン風速計 ……………………… 105
ローラゲージ …………………………… 135

■英　字

AD 変換 …………………………………… 13
DA 変換 …………………………………… 13
ISO ………………………………………… 5
Japan Industrial Standard ……………… 2
JIS ………………………………………… 2
NPL 式角度ゲージ ……………………… 131
Re ………………………………………… 110
SI 単位系 ………………………………… 5
U 字管マノメータ ……………………… 66

〈著者略歴〉

門田和雄（かどた　かずお）
東京学芸大学教育学部技術科卒業
東京学芸大学大学院教育学研究科修士課程（技術教育専攻）修了
東京工業大学大学院総合理工学研究科
　博士課程（メカノマイクロ工学専攻）修了
　博士（工学）
東京工業大学附属科学技術高等学校教諭を経て，宮城教育大学　教育学部技術教育講座　准教授

主な著書に　新しい機械の教科書（第2版）（オーム社，2013）
　　　　　　絵ときでわかる　機械力学（共著）（オーム社，2005）
　　　　　　絵ときでわかる　機械材料（オーム社，2006）
などがある．

- 本書の内容に関する質問は，オーム社書籍編集局「(書名を明記)」係宛に，書状またはFAX (03-3293-2824)，E-mail (shoseki@ohmsha.co.jp) にてお願いします．お受けできる質問は本書で紹介した内容に限らせていただきます．なお，電話での質問にはお答えできませんので，あらかじめご了承ください．
- 万一，落丁・乱丁の場合は，送料当社負担でお取替えいたします．当社販売課宛にお送りください．
- 本書の一部の複写複製を希望される場合は，本書扉裏を参照してください．
  JCOPY ＜(社)出版者著作権管理機構　委託出版物＞

絵ときでわかる　計測工学（第2版）

平成 18 年 5 月 15 日　　第 1 版第 1 刷発行
平成 30 年 2 月 20 日　　第 2 版第 1 刷発行

著　　者　門　田　和　雄
発　行　者　村　上　和　夫
発　行　所　株式会社オーム社
　　　　　　郵便番号　101-8460
　　　　　　東京都千代田区神田錦町 3-1
　　　　　　電話　03(3233)0641(代表)
　　　　　　URL http://www.ohmsha.co.jp/

© 門田和雄 2018

印刷　中央印刷　製本　協栄製本
ISBN978-4-274-22185-9　Printed in Japan

基礎から学ぶシリーズ

機械系学生必携の教科書！

基礎から学ぶ **機械製図**
基礎から学ぶ 機械製図編集委員会　編
B5判／208頁／定価（本体2800円【税別】）

基礎から学ぶ **機構学**
鈴木 健司・森田 寿郎　共著
A5判／250頁／定価（本体2800円【税別】）

基礎から学ぶ **流体力学**
飯田 明由・小川 隆申・武居 昌宏　共著
A5判／258頁／定価（本体2800円【税別】）

基礎から学ぶ **材料力学**
立野 昌義・後藤 芳樹　編著
武沢 英樹・田中 克昌・小久保 邦雄・瀬戸 秀幸　共著
A5判／292頁／定価（本体2800円【税別】）

基礎から学ぶ **工業力学**
武居 昌宏・飯田 明由・金野 祥久　共著
A5判／278頁／定価（本体2800円【税別】）

基礎から学ぶ **熱力学**
吉田 幸司　編著
岸本 健・木村 元昭・田中 勝之・飯島 晃良　共著
A5判／274頁／定価（本体2500円【税別】）

もっと詳しい情報をお届けできます。
◎書店に商品がない場合または直接ご注文の場合も右記宛にご連絡ください。

ホームページ　http://www.ohmsha.co.jp/
TEL／FAX　TEL.03-3233-0643　FAX.03-3233-3440

（定価は変更される場合があります）

ハンディブック 機械 改訂2版

萩原 芳彦 監修
A5判・620頁・定価(本体3800円【税別】)

本書の特長

1. どこから読んでもすばやく理解できます！
2. 学習しやすい内容で構成しています！
3. 短時間で知識の整理ができます！
4. 理解を助ける事項も網羅しています！
5. わかりやすい図表を豊富に掲載しています！
6. キーワードへ簡単にアクセスできます！
7. 機械工学を体系的に理解できます！

目次

- 第1章 機械工学とは何か
- 第2章 力学の基礎
- 第3章 材料力学
- 第4章 工業材料
- 第5章 機械設計・製図
- 第6章 機械工作技術
- 第7章 測定技術
- 第8章 電気・電子技術
- 第9章 情報技術
- 第10章 制御技術
- 第11章 電子機械制御
- 第12章 流体力学
- 第13章 熱力学
- 第14章 乗物
- 第15章 産業機械
- 第16章 生産技術
- 第17章 公式集

もっと詳しい情報をお届けできます。
◎書店に商品がない場合または直接ご注文の場合も右記宛にご連絡ください。

ホームページ http://www.ohmsha.co.jp/
TEL／FAX TEL.03-3233-0643　FAX.03-3233-3440

(定価は変更される場合があります)

好評発売中！ 《「絵ときでわかる」機械》シリーズ

絵ときでわかる 機械力学（第2版）
- 門田 和雄・長谷川 大和 共著
- A5判・160頁・定価(本体2300円【税別】)

主要目次 機械の静力学／機械の運動学1—質点の力学／機械の動力学／機械の運動学2—剛体の力学／機械の振動学

絵ときでわかる 材料力学（第2版）
- 宇津木 諭 著
- A5判・220頁・定価(本体2500円【税別】)

主要目次 力と変形の基礎／単純応力／はりの曲げ応力／はりのたわみ／軸のねじり／長柱の圧縮／動的荷重の取扱い／組合せ応力／骨組構造

絵ときでわかる 流体工学（第2版）
- 安達 勝之・菅野 一仁 共著
- A5判・266頁・定価(本体2500円【税別】)

主要目次 流体工学への導入／流体力学の基礎／ポンプ／送風機・圧縮機／水車／油圧と空気圧装置

絵ときでわかる 熱工学（第2版）
- 安達 勝之・佐野 洋一郎 共著
- A5判・208頁・定価(本体2500円【税別】)

主要目次 熱工学を考える前に／熱力学の法則／熱機関のガスサイクル／燃焼とその排出物／伝熱／液体と蒸気の性質および流動／冷凍サイクルおよびヒートポンプ／蒸気原動所サイクルとボイラー

絵ときでわかる 機構学
- 住野 和男・林 俊一 共著
- A5判・160頁・定価(本体2300円【税別】)

主要目次 機構の基礎／機構と運動の基礎／リンク機構の種類と運動／カム機構の種類と運動／摩擦伝動の種類と運動／歯車伝動機構の種類と運動／巻掛け伝動の種類と運動

絵ときでわかる 機械材料
- 門田 和雄 著
- A5判・174頁・定価(本体2300円【税別】)

主要目次 機械材料の機械的性質／機械材料の化学と金属学／炭素鋼／合金鋼／鋳鉄／アルミニウムとその合金／銅とその合金／その他の金属材料／プラスチック／セラミックス

絵ときでわかる 機械設計（第2版）
- 池田 茂・中西 佑二 共著
- A5判・232頁・定価(本体2500円【税別】)

主要目次 機械設計の基礎／締結要素／軸系要素／軸受／歯車／巻掛け伝達要素／緩衝要素

絵ときでわかる ロボット工学（第2版）
- 川嶋 健嗣・只野 耕太郎 共著
- A5判・208頁・定価(本体2500円【税別】)

主要目次 ロボット工学の導入／ロボット工学のための基礎数学・物理学／ロボットアームの運動学／ロボットアームの力学／ロボットの機械要素／ロボットのアクチュエータとセンサ／ロボット制御の基礎／二自由度ロボットアームの設計

絵ときでわかる 計測工学（第2版）
- 門田 和雄 著
- A5判・190頁・定価(本体2300円【税別】)

主要目次 計測の基礎／長さの計測／質量と力の計測／圧力の計測／時間と回転速度の計測／温度と湿度の計測／流体の計測／材料強さの計測／形状の計測／機械要素の計測

絵ときでわかる 機械制御
- 宇津木 諭 著
- A5判・220頁・定価(本体2400円【税別】)

主要目次 自動制御の概要／機械の制御の解析方法／基本要素の伝達関数／ブロック線図／過渡応答／周波数応答／フィードバック制御系／センサとアクチュエータの基礎

もっと詳しい情報をお届けできます。
○書店に商品がない場合または直接ご注文の場合も右記宛にご連絡ください。

ホームページ　http://www.ohmsha.co.jp/
TEL／FAX　TEL.03-3233-0643　FAX.03-3233-3440

(定価は変更される場合があります)